U0084467

推薦序 *Preface*

　　第一次見到陳女士，是在台南市的百家好店頒獎典禮，她與女兒一同上台領獎。第二次見到陳女士，印象更深刻，那是在 103 年台南市十大創意商品的頒獎典禮，原來她設計的商品，一舉獲得金牌獎的殊榮，而且還是第一次參賽就第一名。她在台上的一番得獎感言，深深的打動了我，原來她在失婚又罹癌後，與子女共同打拼，將面臨倒閉的工廠，以自創品牌的方式轉型經營，一家人共同為一個目標而奮鬥。

　　印象最深的地方是她說：「當我知道罹癌，我只有一個念頭就是我的品牌都還沒有人知道，我怎麼可以就這麼走了呢？我那時候跟我大兒子說，我如果真的死了，你一定要燒一張終身成就獎給我。其實我滿自戀的，因為我是一個單親媽媽，還得了癌症，卻可以努力守著這個家，這個品牌，已經到了含飴弄孫的年紀，我還是這麼認真的生活著！這就是一個單親媽媽最大的成就。」

　　聽到這一段時，我忍不住鼓掌，內心真的深受感動，這樣一個樸實的婦人，失去婚姻又因為要扛起家計，所以逼自己勇敢向前。在台南早期其實有很多傳統產業，都隨著經濟狀況與內需不足，慢慢的將工廠外移或結束營業。陳女士的子女們，為了不讓媽媽一生的舞台落幕，回鄉接手延續工廠生命，將根基與技術仍留在台南，還透過古蹟與文創的元素結合，讓傳統產業有新的活力，這整個故事值得讓許多創業中的業者借鏡。

台南市長

賴清德

推薦序 | *Preface*

「菲媽」，大家這麼叫她。

「阿母」，我是這麼叫！

她的經歷是我的學習，我說她是一本叫「人生」的書！

她走在前面，我走在後……

我們的旅途有著類似的風景，她的風景是「浴火重生」！

靜靜的夜晚，倒杯熱茶，窩在沙發上讓我們好好讀這本書，

一個阿母面對生活的致命打擊，她如何用過人的意志力對抗，

如何保護家庭、撐住事業、甚至成功戰勝病魔……

她的人生故事是我面對低潮的激勵，也會是你的勇氣！

廣富號國際有限公司執行長

李水溢

推薦序 *Preface*

　　第一次見到 FEITY，是在報紙的版面上，身為貓奴的我當時特別注意到 logo 的模樣，加上顏色繽紛的包款，心裡想著，這品牌的主人一定有著少女心啊！後來認識了菲媽和小菲，果然印證了我當時的想法，真的是少婦加少女的組合。(拍馬屁要拍得舒服！)

　　當時聽了一些關於 FEITY 的創業故事，跟大多數台灣的媽媽一樣，總是為了「家」再辛苦都要撐下去，但看著菲媽總是掛著親切笑容的臉龐，實在無法把那段辛苦與淚水的故事跟她聯想在一起，菲媽真的太樂觀了，或許也是因為她的笑容才帶來了這麼多的好事發生吧！菲媽的笑聲也總是感染整個工作環境，每回到皮工廠去，總會聽見歡樂的笑聲從廠裡傳出。

　　會延伸出跟老房子有關的設計理念，就是因為「家」的元素是支撐 FEITY 的重點，如果只有「少女心」是想不到的，「古早心」是菲媽也同時擁有的一個特質，兩者兼具，就是台灣台南的 LV (Local Value) 本土價值。

台南知名旅遊作家

作者序 *From the auther*

　　一生懸命，是在說拿一輩子做好一件事情的使命，其實我以前從來沒有想過，原來我這麼適合這句話。

　　20出頭歲，初嚐戀愛的滋味後，放棄了當時稱為高薪的工作。當年我年紀雖輕，但已經在台灣針織擔任管理職，也一直給人女強人的形象，不過很少人知道，其實女強人心中都住一個小女孩，我們渴望被照顧。嫁給丈夫後，一心一意奉獻在家庭，用掉了我最青春的年華，這也是為什麼我每次聽到江蕙的「家後」我都會鼻酸的原因。渴望被照顧的心，被柴米油鹽慢慢的磨去，隨著丈夫經商失敗，婚姻失敗，我不能再有被照顧的期盼了，我必須扛起一家之主的重擔，我必須照顧我的孩子，照顧我的家庭，照顧我自己。以家庭代工的小工廠起家做皮件，菩薩給了我很多課題，一點一滴的修正我的銳利與我的保護色。

　　曾經，做包包對我來說，是圖一口飯吃的工具。

　　現在，做包包對我來說，卻是緊緊牽住一家子口的工作。

　　依稀記得30幾歲那一年，有個很神準的算命師告訴我，我要到55歲以後才會成功，但成功了，也必須生一場大病。遺忘這段話已經很多年了，現在回想起來不由自主的感到驚訝，原來老天爺已經一步一步都擺好了棋，本以為要倒閉收場的包包代工廠，讓子女接手後起死回生，但也在那一年，我罹患了乳癌。

　　曾經強勢又愛發脾氣的媽媽老了，他們一個個都長大了。第一次讓他們請吃飯、第一次收到他們的紅包、第一次讓小孩帶我出國玩，這種種的第一次，都讓我慢慢感受到我的老去，他們成長。

當我乳癌必須動刀的那天，臨時被通知是一大早第一刀，我梳洗好自己，沒有告訴任何家人，獨自前往奇美醫院，護士問我怎麼沒有家人陪同，我輕描淡寫的表示，太早了大家都還在睡覺，我自己先來，但其實我想說「我的人生我自己勇敢面對」。躺在手術床上，一切準備就緒，要推進開刀房時，一樣是剛剛那位護士過來握住我的手，告訴我：「妳的每一位家人都在外面等候了，妳勇敢的進去吧！」

　　原來，我活了這麼久，一直都自以為的堅強，也習慣了堅強，但家人是流著相同血液的共同體，我的過度堅強是會讓他們傷心的，那一天我感覺老天爺實現了我的夢想，我那一顆渴望被照顧的心，不一定要由老伴來完成，子女是更強大的力量。

　　其實，當上天對你關上門的時候，也許是在另一處替你開了窗，待看你是否細心發現，就好比我這一生，雖然經歷了這麼多挫折與失敗，但命運彷彿自有安排，只要我們能堅持下去、永不放棄，就能發現上天為你開了另一扇窗，此外，也希望能透過我的故事，帶給讀者正面的想法與能量，不管多小的機會，都要全力以赴去準備，因為任何機會都可能是岸邊的竹子，勾住它可能就可以上岸。

目錄 | *Contents*

關於FEITY *about Feity*

打斷手骨顛倒勇，越挫越勇的 FEITY 創意皮工廠

　　「FEITY 創意皮工廠」（菲堤創意皮工廠）是由陳碧銀（菲媽）領軍，土生土長的 MIT 品牌。歷經生意失敗、錢莊討債、離婚單親、工廠轉型、罹癌抗癌……等考驗，但就算被無數的挫折與挑戰打擊，菲媽總是努力不懈、永不放棄的持續往前走，並帶領「FEITY 創意皮工廠」於 2014 年榮獲台南十大文創精品金牌獎，原本看似失敗的人生，是什麼讓菲媽走向成功？

　　是菲媽一路走來，始終秉持著「努力不懈」、「永不放棄」的堅持，遇到困難就想辦法解決它，而不是逃避它，終於讓菲媽嚐到成功滋味。本書由菲媽分享她生活哲學 15 堂課，告訴我們如何邁向幸福人生，成功沒有捷徑，心態正面、勇往直前，最終便能獲得邁向成功的鑰匙！

FEITY 創意皮工廠得獎記錄

2013/03/27	蘋果日報全版專題報導
2014/04/28	【老房子手拿包，斜背包，存錢筒】入選文化局出版的「台南文創精品專書」
2014/09/12	入選台南百家好店
2014/09/17	【老房子手拿包，斜背包，存錢筒】榮獲台南十大文創精品－金牌獎殊榮
2014/10/16	百家好店頒獎典禮
2014/10/17	台南知名部落客「阿春仔 in 台南」推薦
2014/10/20	蘋果日報財經版專訪
2014/12/30	台南十大文創頒獎典禮　市長頒發獎座
2015/01/07	TVBS 網路新聞報導
2015/01/07	新唐人電視台　新聞專題報導
2015/02/20	TVBS 新聞台　青年下鄉拚活路專訪
2015/03/23	東森新聞台專訪　進擊的台灣
2015/08/20	民進黨主席蔡英文親自探訪
2015/09/02	台南市十大文創商品 銅牌獎
2015/09/23	文創之星加值競賽 最佳人氣獎

第一章
Part 1

無師自通，踏入皮飾創作之路
我與皮件的不解之緣⋯

第 1 課 學會感恩
我那好傻好天真的婚姻之路

　　台南，這個蘊藏著歷史、文化的古都，也是我大半輩子扎根的地方，這座古老城市的氣息，造就了我傳統顧家的性格。婚前的我，從事服裝設計工作，穩定的收入使我的生活充裕無虞，在婚後，我如大多傳統婦女一般，將心力全部投入家庭，一切以家庭為重。前夫是我唯一的男朋友，交往不久後便結婚，直到我年近五十，這段婚姻才畫上句點。

　　年幼時，我時常望著母親的背影，她總是忙裡忙外的張羅著整個家庭的大小事，長大後我也複製了這樣的婚姻模式，不管是洗衣燒飯，甚至到家中雜事全都由我一手包辦，我除了照顧先生的生活起居外，更是全心全意支持他的事業。婚後不久，先生家中經營的電風扇事業，受到冷氣機興起造成很大的衝擊，而這段婚姻也開始出現裂痕。

　　當時的我因為婚前生活無虞，所以對於金錢沒有太多的想法與概念，就連結婚時，娘家收的 5 萬元聘金，也借給先生打拼事業，那時先生對我說：「你現在又沒有工作，不如錢先借我拼事業，我開支票跟你換。」後來要用錢時才發現，這張支票已被列為拒絕往來戶，無法兌換……

　　其實前夫很有商業頭腦，也有優秀的企劃與解說能力，在電風扇事業一落千丈時，他便陸續想了「同步馬達」、「免油免電送水機」、「藍波方向盤鎖」、「紙電燈極光板」、「養石斑魚苗」等創業與發明，但光有頭腦，沒有執行力是不夠的。我們每個創業發明都在實驗階段就以失敗收場，但這些創業與發明，需要持續投入資金，而在資金不足的情況下，我們就只能不斷的借貸，很快的，一筆又一筆的債務接踵而來，為了幫忙償還巨大的債務，我開始變賣母親為我存下的金飾。

我以為，夫妻相處之道，只要對丈夫言聽計從、百依百順，就是扮演一個好妻子的職責，然而，現實卻狠狠得顛覆了我的想法。在前夫創業失敗後，巨額的賠款，接二連三而來，掛名公司負責人的我，必須面對接踵而來投資糾紛，與控告前夫詐欺的案件，每上一回偵查庭、法院，都讓我緊張得顫抖不已。直到前夫因被告詐欺而入獄，我以為負債的額度總算不會再往上增加，沒想到這卻是另一個壓力的開始。每周六是前夫的會面日，會面的前一晚，我會準備他喜歡吃的食物，隔天再開車去找他，就擔心他吃不慣獄中的伙食。但他看到我的第一句話總是說：「你身上有沒有五千元借我？」他說在獄中要吃飯、要請客、做面子、交朋友……種種因素所以需要錢，倘若我不足五千，他便會說：「那你有多少？就算二千元也行。」在壓力的背後，是用盡全力支持先生的我，也是一個懵懂的我。現在回想起來滿是心酸。坦白說，前夫的事業我不太懂，只知道在他需要資金的時候，我便四處奔波，幫忙籌措，歷經了幾次創業失敗後，生活也變得終日為錢苦惱，每天睜開眼就想著今天又要向誰借錢，而到底什麼樣的工作才能讓我快速賺到錢呢？

推開窗戶，凝視著大海，海的無盡就像是我那巨大的債務，洶湧的浪花不停歇地拍打著岸邊，彷彿為我的際遇憤憤不平，那時的我，時常望著大海流淚。想到我隻身一人要照顧孩子又要想辦法賺錢，就不禁傷心流淚，但除了流淚，我卻不曾埋怨，反倒非常感謝前夫的大姐，她的噓寒問暖是我心靈的慰藉，她也在那段孤苦無依的日子裡，提供我食物甚至金援幫助，就擔心我吃不飽或帶孩子太累，我也非常感謝在那段日子曾經幫助過我的人，讓在海中載浮載沉的我，擁有短暫的靠岸，我始終認為待人處事要懷抱著一顆感恩的心，凡事飲水思源、不抱怨，所有困難到最後一定能迎刃而解，而這也是我一直秉持的信念。

菲媽這樣說：

　　我一直都相信待人處事要懷抱著一顆感恩的心，凡事感恩、不抱怨的話，所有困難到最後一定能迎刃而解。

• 104 年台南十大創意商品銅牌獎：瓦片屋頂•收納式滑鼠墊。

第 2 課 **學會付出**
為了生活 一針一線學做皮件

　　在豔陽的午後，烈日曬得地板發燙，我仍在為了還款、借貸四處奔走，打開車門，一股熱氣壟罩著全身，而方向盤也被太陽曬得燙手，讓想開車的我躊躇著，內心便不禁默默的思考，如果這時候有個皮套，軟軟的套住方向盤，既不會讓太陽再曬得燙手也能增加方向盤的美觀，應該會大受歡迎吧！產生這個念頭後，我便決定以生產方向盤皮套謀生。

　　老實說，這樣單純的想法我只憑著設計師的背景，就一股腦的栽下去，雖然我從沒上過皮件縫製的專業課程，但憑著自己一針一線的摸索，不管是從穿線、打洞、縫製，甚至到材質的挑選都是自己慢慢嘗試，並設計出汽車族需要的止滑、防皺等功能的方向盤皮套，一開始我只賣給汽車大廠，到後來陸續有汽車公司前來訂購，生意越來越好，在當時，從我工廠生產出的皮套，在市場上擁有高達 90% 的市占率，這樣的成果也讓我相當意外，因為這樣費時又費工的產品，竟能讓我嘗到成功的滋味。

　　那時的我，大約三十多歲，工廠裡的員工，大多是單親媽媽，獨自一人帶著孩子在外打拼過生活，有著相似背景的我們，相處起來也更能站在對方的立場去思考和體諒她們，我能體會她們忙於工作又要照顧孩子，蠟燭兩頭燒的困境，因為這也是我的生活寫照，所以我自願負擔這些孩子的註冊費與醫療費，算一算，大家的孩子加上我的孩子，總共有十個孩子，雖然賺到的錢有一部分在照顧他們，但看到孩子們的笑容，總能掃去困苦的陰霾，最讓我印象深刻的是，每逢生日的時候，孩子們會寫卡片為我慶生，圍著生日蛋糕一起唱著歌，這樣幸福的畫面，至今仍深深的烙印在我腦海中。

然而，好景不常，幾年後汽車大廠開始自己生產方向盤皮套，工廠的收入無法繼續支撐整個家庭的開銷，所以我必須尋找其他出路，以維持整個家庭的生活，但當時的我，已將近四十歲了，我還能做什麼工作呢？

　　在翻閱報紙的過程中，我發現切貨商這個通路可以收購滯銷產品，對當時急需用錢的我來說，就好像看到了一線曙光，所以我立即與切貨商聯繫，但屋漏偏逢連夜雨，切貨商將貨品載走後卻失去聯絡。拿不到貨款的我，又開始煩惱整個家庭的下一餐究竟該何去何從。但在事件發生不久後的某個夜晚，切貨商竟然開著卡車到我家門前，他說：「大姐阿，我欠錢要跑路了，我有在打拼了，賺到錢就會還你了。」對我來說，雖然他帶走了能讓整個家庭度過一段時間的生活費，但我卻不怨恨他，因為如果一個人真心要騙你，他就不會回頭對你許下承諾。

　　我深信與人交往都需要將心比心，不怨恨、不計較，便會有好的回報。這樣的信念，也勉勵著我更加積極的想還清債款。之後透過朋友的介紹，我承接了大樓清潔的工作，一天的薪資是 1800 元，不僅工作內容辛苦，工作環境更是危險，但為了孩子，無論如何我都咬緊牙關做下去。直到某天下班回家後，發現自己出現血尿，送醫檢查後，醫生診斷是因為操勞過度，罹患了急性腎臟炎。或許是因禍得福吧！在身體無法負荷的情況下，我離開了清洗大樓的工作，重新回到製作皮件的崗位上。

菲媽這樣說：

　　人生不會永遠一帆風順，老天爺會出很多考驗與難題給我們，如果一路上能真心付出、對人友好，那就能累積福報，這樣當你遇到困難時，便能一路過關斬將。換個方式想，老天爺給我們的磨練，其實是為了讓我們更成長茁壯。

第3課 學會變通
製作手機套與皮包 開始我的代工之路

　　雖然,我只是一個平凡家庭主婦,但在整個家庭中,我也身兼父職,一肩扛起整個家庭的重擔。而隨著年齡逐漸上升、身體狀況下滑,我能做的工作實在有限,不能再以清洗大樓為工作後,整個家庭經濟又陷入困境。我開始思索著什麼是屬於我自己、不易取代的能力?而我又該如何發揮,讓我能運用專長來賺錢?幾經思索後,我決定走回製作皮件的領域,不再以勞力工作度日。

　　起初,因為花園夜市剛創立,手機也開始流行,因此我在花園夜市擺攤賣純手工製的手機皮套,我設計出各式各樣的皮套在夜市裡販賣,吸引很多人群圍觀,但真正購買的人卻很少,漸漸的,我發現,在夜市生存要走低價策略,但是我做的是純手工皮套,價格當然不便宜,很顯然的,我的產品與夜市的客群不太相符。所幸,當時有名記者看到我製作的皮件他覺得非常特別,並為我寫了一篇採訪報導,讓許多客人看了報導後,特地慕名而來,也讓我的收入比在當臨時工時好了一些,也因此陸續承接客製化的訂單,但為了養家餬口,只有手機皮套還是不夠,所以我開始延伸設計包包,雖然剛開始縫製的包包,外觀陽春,沒有內裡也沒有拉鍊,是靠著我自己的雙手,一針一線的縫,一塊一塊拼貼而成的。

　　然而,高單價的商品在夜市的銷量有限,於是我決定到台南的歐洲大街擺攤,改走精緻化路線。記得當時我選的攤位在廁所旁邊,是沒有人願意承租的櫃位,卻也因為這是去廁所的必經之路,來來往往的人潮,使我的生意愈趨穩定。不久後,開始有廠商找我做牛皮代工,主要是將我做出來的包包以他們的品牌在百貨專櫃裡販賣。對我來說這些包包都是我一針一線辛苦縫製而成的,它們就如同我一手拉拔長大的孩子一般,我也希望它們都能順利賣出,得到好的歸宿,

因此我向廠商毛遂自薦，自願到專櫃去介紹這些包包，那時我的小兒子剛出生，不論刮風下雨，我每天都帶著孩子去顧櫃解說，而包包的生意也越來越好。

後來，陸續有許多家廠商找我代工，但也因此衍生出許多問題，不僅消費者抱怨包包樣式如出一轍，代理商也希望我能設計出獨賣款，但當時的我，只收工資，不懂得爭取設計費與材料費，結算下來也沒賺到什麼錢，就連年關將近，我也要向女兒借錢才發得出紅包，讓我的員工過年，想起這段過去，內心不禁滿是心酸。那時，我常常暗自哭泣，心裡想著，與其這樣賺不到錢減輕負債，不如將工廠收掉好了。但女兒卻不這麼想，她告訴我，既然工廠要收掉，那為什麼不試著自創品牌看看呢？生活困苦到了谷底，不如就放手一搏吧！女兒的一席話如當頭棒喝使我清醒過來，原來，無論遭遇到什麼困境，都不能輕易的向命運低頭，沒試過怎麼知道能不能成功呢？於是，我聽取女兒的建議，開啟了我的品牌之路！

菲媽這樣說：

有時候我們會遇到很多困境和煩惱，凡事要懂得變通，「山不轉路轉、路不轉人轉、人不轉心轉」，心念一轉便能找到人生的方向和轉機。

第 **4** 課 | **學會放下**
老公外遇　我得了憂鬱症

　　因為愛，讓我始終堅持守護著這個家；但也因為愛，讓我變成全世界最不快樂的人。先生出獄後喪失鬥志，終日遊手好閒、不務正業，我必須獨自扛起債務，此外，孩子的叛逆期也令我傷透腦筋，但生活的難題卻未因此停歇，不久後，竟發現先生外遇，面對這一重重的壓力彷彿成了一道道滔天巨浪，將我淹沒。

　　有段時間，我感覺先生與我工廠裡的女工走得很近，但我始終不以為意，直到某天，天剛亮，先生才進家門，向我拿了錢後又掉頭出門。我當下第一個反應，就是去女工家附近探個究竟，於是我騎著機車到女工家外頭，不出所料，先生的車就停在外面，再往屋裡一瞧，正好和探出頭來的先生四目相對，當時，我嚇得驚慌失措，趕緊騎車離開，心情是忐忑、是混亂、是不知所措，再也止不住的淚水，如洪水般湧出，久久不能自己。

　　發現這一切後，我像洩了氣的汽球，無法繼續維持原本的生活。我開始依靠安眠藥入睡，但即便我將藥劑加到八顆的劑量，卻依然無法入眠。我也試過吞藥、割碗來結束自己的生命，卻也都沒有成功。在這樣低潮的日子裡，又遇上大兒子的叛逆期，他跑去向地下錢莊借錢，三天兩頭，地下錢莊就上門討債，潑油漆或電話騷擾，雖然對我而言早已是家常便飯，不再陌生，但面對這一重重壓力，使我無法負荷，差點放火燒了這個家，想用最笨的方式，結束這一切。

　　某天，我下定決心，吞下幾百顆安眠藥後，獨自開車出門，當時的我，內心十分陰鬱，始終不明白，我辛苦工作、還債，都是為了這個家，老天爺為何要將婚變的不幸降臨在我身上，逼我走上絕路呢？我恍恍惚惚的開著車，看著

前方筆直的道路，卻看不到我的未來，窗外的風光明媚，卻無法照亮我內心的黑暗，我還有什麼活下去的動力呢？唯一的希望，只奢求在我走後，家中的長輩能幫忙照顧我的孩子，因為我最放心不下的，就是這幾個孩子。孩子們，請原諒媽媽，自私的想先脫離苦海了。

當我睜開雙眼，映入眼簾的是白茫茫的天花板，那時，我真的以為自己到了天堂，脫離了人世的痛苦與煩惱，但當我回神，才發現自己竟然躺在醫院，後來我才知道原來是大兒子找到了我，將我送進醫院。記得當時，虛弱的我躺在病床上，對著先生說：「你在外面有女人沒關係，因為這代表我不夠好，但你起碼要把家裡顧好，一肩扛起賺錢的責任，但是這些你都沒有做到。」先生面露愧色，他知道自己愧對於我，但也無法挽回這段婚姻了，因為我毅然決然的決定和先生離婚。

出院後，我仍然沒有放棄自殺的念頭，記得有一次，我在頂樓洗衣服，心中思索著，如果我從這裡跳下去，能從煩惱中解脫嗎？但當我一回頭，卻發現小兒子躲在後面，偷偷看著我，擔心我隨時有輕生的念頭。頓時，從小兒子恐懼的眼神中，我看見了不成熟的自己。我讓自己充滿負面想法，每天都過得很不快樂，甚至成為孩子心中的不定時炸彈，讓他們過著忐忑不安的生活，如果我再不用正面、積極、樂觀的態度來面對生命中的不順遂，那麼我這輩子註定陷在這個不快樂的迴圈裡，成為一個失敗者！於是，我心念一轉，打起精神，將我的人生導回正確的航道。

菲媽這樣說：

當我們遇到人生的低潮時，如果不用正面、積極、樂觀的態度來面對，只會一直陷在不快樂的迴圈裡而走不出去。

離婚後，先生反而每天都回來找我，我請他別再來了，但他仍然每天都會回來，直到某天，我發現先生似乎四、五天沒有出現，這才驚覺，先生會不會是出事了呢？當我詢問過後，才發現原來他得了「敗血症」住院，而且病情非常不樂觀，醫生也告知我們，要做好心理準備。

雖然我與先生已經離婚，我沒有義務支付他的醫藥費，但我擔心如果這筆費用落在孩子的身上，他們要如何負擔呢？於是我自願負擔先生龐大的醫藥費，甚至還請了看護照顧他，讓孩子能夠維持原本的生活。那時，我的收入每天都透支，醫藥費與看護費早已超過我代工皮件的所得，但也或許是因禍得福，我成天只想著賺錢，終日埋首於工作而沒有時間胡思亂想，漸漸的，我戒掉了靠安眠藥入睡的習慣，憂鬱症也不藥而癒。

憂鬱症痊癒後，我更加努力的工作，面對入不敷出的生活，即使我忙得焦頭爛額，卻也不見收入有所起伏。於是女兒向我提議上網販賣「手工真皮筆記本」，用義賣的方式籌措醫藥費與看護費，沒想到，手工真皮筆記本的義賣活動，一刊登上網路，便受到廣大的迴響，賣了幾百本，先生半年的醫療費與看護費也都有了著落，不僅如此，先生也奇蹟似地康復，痊癒後的他，希望能回到皮件工廠工作，幫我縫製包包，以報答這份恩情。

　　我非常感謝在當時幫助我的網友們，自從在網路上受到大家的幫忙後，我也希望能盡一點微薄的心力，回饋這個社會。因此，我開始投入社會公益，不僅參與捐款與募款的活動，更擔任義工為大眾服務，回饋社會大眾對我的幫助。而我也深信，老天爺會在你最困苦的時候拉你一把，帶你走出低潮，只要心存善念，保有一顆感恩的心，不論遇到多麼低潮的困境，最終都能迎刃而解！

菲媽這樣說：

　　雖然有些人曾經狠狠地傷害了你，但若是我們能學會原諒、放下心中的仇恨，就能讓心靈平靜、為自己累積福報，如此便能走出傷痛，甚至引來更多貴人在這一路上幫助你。

第6課 學會寬容
叛逆期的大兒子終於走回正途

大兒子曾說：「我的叛逆期就像瀑布，悠遠而綿長；而妹妹的叛逆期則像煙火，短暫而炫麗。」

大兒子是我最放心不下，也最擔心的孩子。他從 20 多歲時就開始叛逆，找不到人生的方向，直到 30 歲才回歸正途。其實，大兒子的本性並不壞，他很講義氣，但也很愛裝闊氣，時常打腫臉充胖子，跟朋友說這攤飯局他來請。剛入伍就養成向地下錢莊借錢的壞習慣，退伍後仍持續借貸，當利息像雪球般越滾越大，大到他無法負擔時，地下錢莊就找上我要錢了。

就如同電影情節一般，潑油漆、電話騷擾、派人堵在店門口讓你不能做生意，甚至持槍恐嚇，這些在電視裡才會看到的情節，在我的生活中一幕幕的真實上演。直到現在，我仍會開玩笑的挖苦大兒子說：「我今天會這麼有膽識都該感謝你，是你把我練就一身是膽啊！」

回想起那段期間，我們的親子關係降到了冰點，我擔心他在外面的安危，卻也很氣他的不懂事，一個母親，在夜裡暗自流淚，那種內心的掙扎與矛盾，是為人子女不能體會的。直到有一次，地下錢莊的人又押著大兒子來向我討錢，對方說如果不幫忙償還，就要把他打死。但那時的我，所能承受的壓力也到了頂點，於是，我鐵了心，忍著不捨地對地下錢莊的人說：「這個錢我是不會再幫他還了，要打你們就把他打死吧，死了我會包紅包感謝你們，若是沒死我反而會告你們！」錢莊的人知道我堅持不想管這件事後，就把大兒子帶走了。

隔天早上 6 點多，我接到醫院打來的電話，才知道那天晚上他被 20 幾個人打得頭破血流，醫院也發出病危通知，要我有心裡準備。那時，我真的以為，自己將失去一個寶貝兒子，然而，老天爺在這個生死關頭，又給了我一次機會。大兒子在經過幾周的治療後，奇蹟似的

• 我與大兒子一同討論設計圖。

痊癒，並且沒有留下任何後遺症。我內心暗自祈禱，希望他不要再重蹈覆轍，我也語重心長的對他說：「你已經 30 歲了，是否該為自己的人生負責了呢？」

　　大兒子在鬼門關前走一回後，便判若兩人，不但自願以不支薪的方式，跟我學習製作皮件外，也讓他重新思索人生的意義與方向。現在，大兒子將他擅長的電腦繪圖結合皮件製作，設計出多款男用包包，可說是工廠裡的一大生力軍，這不僅提升了他對自己的自信心，也替我的皮件事業增添了豐富性與多元性！

菲媽這樣說：

　　寬容別人的過錯是人生中很難克服的一件事情，有時候我們會被仇恨和憤怒遮蔽了雙眼，唯有學習寬容、原諒，才能讓我們發現其實幸福一直在我們身邊。

第二章

Part 2

從皮件代工廠轉型，創立自有品牌

老天爺給我的磨練⋯

第7課 學會溝通
女兒的鼓勵與支持
成為我進步的最大推手

在女兒的建議下，我展開了自創品牌之路，也在她追求完美的個性與對於品質的嚴格要求下，我的自創品牌一步一腳印的進步。記得自創品牌剛起步時，每當我完成一個包包，她便會拿著放大鏡對著我縫製的包包，從裡到外的仔細檢查，回想起這畫面真是讓我又好氣又好笑。我也記得當時，我們時常因為意見不合而發生爭執，但在每次爭吵過後，我們都會反省，因為我們知道大家都是為了這間「FEITY 創意皮工廠」能更進步、更完美，所以這些不愉快，也都會因為愛而化解。

其實我知道女兒較喜歡新潮、設計感較高的包包，但我設計的包包，外觀比較陽春，沒有內裡也沒有拉鍊，所以當時我將製作好的包包放在她經營的美容中心展示時，她的內心很排斥。直到後來，有個客人一口氣買了三個包包，她才驚覺，原來這種純手工、純樸感的包包是有市場的，像類似公事包的款式，就十分受到公務員、銀行行員與上班族愛戴。於是，在多次的溝通後，也讓她了解到，作為一個原創的設計者，不能因為自己的喜好偏頗，就認定其他款式的產品無法被消費者接受，因為市場的喜好度、接受度是非常多元的。

漸漸的，在溝通磨合後，我與女兒可以提出許多想法相互交流，也能心平氣和的接受對方的建議，經過不斷的修正後，現在，女兒不再排斥我設計的包包，我們更攜手合作，一起研發出許多包包款式，提供消費者更豐富的選擇。而鬼點子與創意多的她，更擔任這間皮工廠的行銷大將，利用現代網路的力量，讓更多人知道我們、認識我們，進而推廣我們所做的包包。甚至連之後的門市裝潢、擺飾都由她一手包辦，我還記得，自創品牌成立的第一天，她就利用網路的力量宣傳，讓當日的營業額逼近我代工皮件一年的工資，這樣的效益，對我來說，就是偌大的鼓勵啊！

• 共同打拼品牌的—我們這一家。

　　自創品牌後，有一年過年，我收到孩子們合包給我的紅包，內心激動不已，遮著臉感動得哭了起來，我哭不是因為收到紅包，而是從這一年開始，我終於不用再借錢過年了。而我也非常感恩，謝謝老天爺讓我倒吃甘蔗，因為苦過，才更知道甜的滋味啊！

　　現在，這個自創品牌凝聚著一家人打拼的希望，女兒負責行銷、大兒子與小兒子負責設計男包，而我除了負責設計也負責生產，整家人齊心協力的讓這間創意皮工廠能更加進步！而我們全家人在一起的凝聚力，就是支持我繼續向前、不放棄的動力。

菲媽這樣說：

　　　　人生旅途上有時和你意見相左、給予建言的人，往往是希望你更努力、更進步，不要一味的想反駁對方，靜下心和對方溝通，或許這是幫助你邁向成功的一大助力。

第8課 學會堅持

歷經低潮困苦時 別忘了心中那份意念

　　回想起代工的日子，製作一個以台灣物料縫製而成的手工包包，需要花費的成本與工時都比機械化量產的包包高出許多，而廠商販售的定價，更是成本的好幾倍，但一針一線縫製包包的我們，領到的卻是最微薄的薪水。這個勞資不平等的經驗，讓我刻骨銘心，所以女兒建議我以工廠直營的方式自創品牌，將製造與行銷合併在一起，把成本降到最低，並讓這間皮工廠沒有中盤、沒有大盤，只有工廠是唯一的貨源，而且，不論工廠或經銷商，大家價格都一樣，這樣就不會產生抽成的問題。

　　由於以工廠直營的方式必須兼顧製造與行銷，所以格局比較小一點、品牌的建立也會慢一些，對轉型的我們來說，這又是另一項艱難的挑戰，可能沒有自創品牌經驗的人不太了解過程中我們會遇到的困難，例如資金周轉、銷售據點、人力調度、添購設備等問題，而這些問題卻又環環相扣，相互影響。假設在資金有限的情況下要拓展銷售據點，就會由老闆親自站櫃省下人力成本，等到品牌漸漸穩定，營業額不再是負數時，才會請員工，但往往請了員工，利潤又會減少。當沒有利潤時，要如何拓展據點、增加人手、添購機器呢？這些都是我們會遇到的問題，所以每一個環節都必須謹慎小心的籌措與規劃，雖然很辛苦也很難熬，但這就是自創品牌的必經之路。

　　因為不經一番寒徹骨，焉得梅花撲鼻香？其實每個創業、自創品牌的人，心中都必須有「堅持下去」的信念，不論歷經多大的低潮與困苦，都不能輕易放棄，即使目前眼前看不見任何回報，也不要忘記創作時的美好！

• 102 年重新整修後的台南本店。

　　其實一開始，我就清楚的知道自創品牌不見得會比代工輕鬆，自創品牌的艱辛，就如同海的遼闊，遠得看不見盡頭，但我仍然賭上我的全部，一頭栽了下去，只因為我想以台灣原創、台灣製造，這樣獨樹一格的製作方式，被更多人看見，甚至躍上國際舞台。一定很多人覺得納悶，想知道我們究竟和別人有什麼不同，拿什麼贏人家呢？其實答案就是「皮工廠裡的我們、這整個大家庭無私的團結與努力了吧！」只要全家人一起努力，這個品牌的遠景也就不遠了，雖然成功並非一蹴可幾，但我願意慢慢等、慢慢努力，一邊做好準備，貼近消費者來傾聽意見。我相信走得慢才會走得穩，相信慢慢的便會有人發現，「FEITY 創意皮工廠」是一顆快要發光的鑽石。

菲媽這樣說：

　　老天爺疼努力的人，但是祂要照顧的人太多，有時候會忘記我們，但我相信只要默默做、歡喜做、甘願受，祂就會看到發光的你。

　　我以為，在歷經先生外遇、罹患憂鬱症、離婚、小孩叛逆等種種不順遂後，老天爺會停止對我的試煉，讓我能安穩的投入我的自創品牌，用全家人團結合作的力量，拼出一些成績，但自創品牌才剛起步，老天爺卻和我開了個玩笑。

　　先前，我在洗澡時發現胸部的形狀，好像有點凹進去，感覺怪怪的，但我也不以為意，單純的想說人老了，皮膚鬆了很正常。過了不久，我看到電視上宣導乳癌防治的廣告跟我的情況十分相像，因此我請兒子上網搜尋與乳癌相關的資料，在拿來和自己的情形相互比對後，發現我的情形與資料上的病徵竟然雷同，這不禁讓我擔憂了起來，於是我決定去醫院進行掃描檢測。

　　「二期癌症，1.7公分。」當從醫生嘴裡說出這句話時，這消息有如晴天霹靂，我不敢相信自己真的得了癌症，也沒有把握自己能撐過治療帶來的所有不適，更不能想像與我的孩子們生離死別。在醫生診斷完畢後，小兒子騎著機車載我回家，不知道是路面的顛簸，還是內心的不平靜，一路上我們的雙手都顫抖不已，我知道小兒子的心裡其實也很害怕，但他仍故作鎮定地說：「媽媽，沒事的，不會有事的。」

　　後來，我仍不甘心地換了一間醫院做檢查，但結果依舊是二期癌症，所以我只能無奈的接受這事實，開始安排化療、開刀等的治療。還記得某一次回診，全家人陪著我一同前往，醫生問我：「乳房要全部切掉還是部分保留？」當時前夫也在場，他說：「我建議將乳房全部割掉，因為怕癌細胞擴散，全部切掉比較乾脆！」小兒子便立刻跳出來說：「乳房又不是你的，讓媽媽自己決定！」但愛美的我，當然希望不要全部切除呀！

2010 年 12 月 31 日，每個人都滿心歡喜的迎接跨年、百年的到來，但我卻開心不起來，因為這天是我安排了開刀的日子，臨時被通知是一大早的第一刀，我梳洗好自己，沒有告訴任何家人，獨自前往奇美醫院，護士問我怎麼沒有家人陪同，我輕描淡寫的表示，太早了大家都還在睡覺，我自己先來，但其實我想說：「我的人生我自己勇敢面對」。躺在手術床上，一切準備就緒，要推進開刀房時，一樣是剛剛那位護士過來握住我的手，告訴我：「妳的每一位家人都在外面等候了，妳勇敢的進去吧！」每一個家人都緊緊的陪在我身旁了，那麼我還能有什麼不勇敢的理由？

開完刀後，緊接著是一連串的化療，化療的副作用不僅會造成嘔吐，還會掉光頭髮，但愛漂亮可是女人的天性，我實在不能接受自己頭髮掉光的樣子，小兒子見我這麼煩惱，便安慰我說：「頭髮會再長啊！媽媽，如果你害怕的話，我會陪你走過這一段！」到了中午，小兒子再來看我時，他已理了一顆大光頭，只為了陪我走過難熬得化療過程。

化療後需要住院觀察及等待身體復原，但一直躺在病床上的我，更容易胡思亂想，於是隔天我便向醫生表示我想出院了。出院後我回到工廠繼續縫製包包，一針一線的穿縫，讓我暫時忘了煩惱與痛苦。直到現在，我依然記得，那時是個寒冷的冬季，我穿著睡衣，插著尿管和引流管，坐在工廠裡繼續縫，聽著針車運轉的聲音，內心反倒踏實多了。

度過了這個難關後，我看見了小兒子的成熟，也很感謝他的貼心，從生病到現在，是他不斷的給我力量，為我加油打氣，一路陪著我努力，直到現在仍不曾離去。也讓我相信，只要我勇敢堅持下去、克服這個困難，很快就能撥雲見日，度過各個難關，這也是我面對低潮時，勉勵自己的信念。

當我們遇到困難和逆境，要有勇敢面對的勇氣，若是一蹶不振、自暴自棄，只會讓自己陷入恐懼與絕望中，拿出勇氣去面對它，就能讓人生充滿希望。

菲媽這樣說：

「媽～我們來參加文化局的一個文創比賽吧！」某天女兒忽然這樣對我說。

「妳眠夢眠，賣暝夢吧！我們也不是大品牌，又沒有資源、沒有背景，誰會看見我們？」我內心默默的想著。

其實一開始，我沒有很積極的朝比賽這個目標前進，但女兒完美主義的性格，督促著我向前努力，也讓我開始認真投入比賽。從一開始的發想到色彩搭配，我結合了台南人熱情純樸的性格及古都的文化背景，運用黃

• 103 年由台南市長手中領得金牌獎。

色作為主題色，搭配台南四處可見的紅磚老厝元素，製作了一系列的參展作品，整個製作過程投入的心血實在不可言喻，但帶來的成就感卻遠勝於一切辛苦。

作品出去參賽後，我也放下了心中的大石頭，回歸了平淡的生活。直到有一天，女兒忽然打開門大聲的喊著：「媽媽～我們得了第一名！是金牌喔！」當時我還反應不過來，下意識的以為地下錢莊又要來討債了！女兒索性打開電腦，找出得獎資訊給我看，那時，我真的不敢相信，我的作品真的得了第一名！我喜極而泣得哭了出來，但隨即又馬上對女兒說：「這個比賽有獎金拿嗎？」若是真的有獎金，那就更完美啦！

2013 年 12 月 30 日，這天我起了大早，頂著我這輩子燙得最貴的頭髮和緊張多日的心情，代表得獎者上台致詞。

　　「市長、局長、各位來賓，大家早安。首先我先深呼吸一下，現在我的心情真的很緊張，很高興有這份殊榮上來領獎。」我緊張做了個開場白。

　　「我是一個在巷子內 20 年，默默無聞的代工廠，在 2008 年時，工廠搖搖欲墜面臨倒閉，正準備要收起來時，女兒跟我說：『媽媽，我們不要代工了，做自己的品牌吧！』於是全家人便開始努力往自創品牌前進。就這樣子做呀做，直到 2010 年的某一天，醫院宣布我得了癌症。那時罹癌的我只有一個念頭，我的品牌都還沒有人知道，我怎麼可以就這麼走了呢？」

　　「我是一個單親媽媽，雖然我已經到了含飴弄孫的年紀，並且還得了癌症，但我仍然想要努力守護這個家和這個品牌，努力認真的生活。當化療進行到一個段落，我已用意志力戰勝病魔，不久後女兒建議我參加文創比賽。如今，得到這項肯定也激起了我的企圖心，希望未來可以朝著更大的國際舞台去參賽。如果美夢成真讓我能再次上台的話，我會很驕傲的說我們來自台灣、台南！」

　　聽完我的演說，台南市長說：「我想，FEITY 創意皮工廠不只是商品金獎，演講也是第一名！這個故事讓我非常感動！」市長特地走下台與我們握手致意，他溫暖且厚實的手掌，深深的一握後，給了我無比的信心與力量！經過這次文創比賽，「FEITY 創意皮工廠」的曝光度與能見度也大幅提升許多，這也是我在這次比賽中，感到十分欣慰的地方。

菲媽這樣說：

　　我想跟所有自創品牌的朋友分享，雖然我們沒有背景、沒有媒體資源、沒有資金，但是我們擁有不屈不撓的精神、堅毅堅定的個性，只要美好的相信「有夢最美，希望相隨」，並努力堅持下去，很快就能看到成功的果實。

第 11 課 **學會進步**
老文化與新傳承 堅持手工的 MIT 設計

　　「FEITY 創意皮工廠」是一個土生土長的 MIT 品牌，在品牌尚未創立前，我經營傳統代工廠，工作內容從打版創作到製作生產，除了能夠拿到低廉的代工費外，品牌的成就與收穫都不是原創者可以享受到的果實。所以透過女兒的鼓勵，我創立了這個屬於我們自己的品牌。

　　由於市面上大大小小的品牌如雨後春筍般不停的出現，以機械量產、塑膠皮料或仿冒名牌外型的包包層出不窮，於是越來越多包包，失去了品牌的辨識度，也失去了手作的溫度。

　　而手作的美好，在於它的故事、它的溫度和它的獨特性。我相信在早期就買過我們包包的朋友，一定能清楚的發現，我們產品的品質有很大的變化，但在轉變的過程中，我堅持保有屬於 FEITY 的手作特色，那就是粗曠的手感與品牌的辨識度，如果這些包包工整無缺、看不見皮背，連車線都筆直得不得了，那麼它就失去了手作的意義，也就不是我們了。

　　在我的認知裡，文創兩個字，就是文化、歷史與創意的結合，在眾多文創品牌裡，「FEITY 創意皮工廠」只是一個剛起步的後生小輩，我也明白文創商品的光環不等於買氣，所以我始終抱持著一顆學習的心在經營，認真的在這兩者之間找到平衡。我也不斷期許自己，除了要提升產品的品質外，內心那份創業的初衷，也要更加堅定！而從傳統產業轉型為文創品牌的路途中，受到許多人的提拔與支持，我的內心充滿感恩，尤其是在草創時期就願意給我們機會的朋友。

• 104 年文創之星加值競賽最佳人氣獎第一名作品。

　　現在，我致力於品質的完美與進步，堅持手作與 MIT 產品的兩大原則，讓每個消費者知道，真皮的手工製品，絕對不會輸給塑膠的機器量產！除此之外，我也希望能將我們品牌的包包賦予「辨識度」打造出獨特的包款。

　　在你的記憶當中，有沒有一個包包，可以讓你一眼就認出來？它也許不是非常精緻，也或許不會被稱讚流行，但它絕對是最特別、最獨一無二的包包，也就是我們一直堅持的純手作質感。

菲媽這樣說：

　　提升自己的價值，不斷進步與成長，是邁向成功的不二法則。對新創品牌的人來說，堅持初衷與創作時的美好是不能改變的信念，唯有不斷往前、進步，才能提升品質與自我價值。

第三章

Part 3

透過一針一線，縫出幸福人生

歡喜做甘願受…

第 12 課 **學會堅強**
謝謝前夫和小三的傷害
養成我堅毅的個性

　　我的人生就像是倒吃甘蔗，先苦後甘。剛離婚時，我總因為離婚而感到自卑，後來我才慢慢發現，原來離婚後生活竟是另一片光景，因為我不用再服侍任何人，不用再擔心今天煮的飯菜是不是又會被嫌棄，甚至我還拿回了電視搖控器的選擇權，每天過的自由又快樂，這才是真正的幸福人生呀！但能有今天的我，要非常感謝這一路上許多貴人的幫助，如果沒有他們，我根本沒辦法支撐到現在，特別是前夫的大姐與妹妹，直到現在，她們仍然對我十分照顧。

　　回想起婚後生活，我一手包辦了整個家的大小事，甚至將飯菜端到床上給前夫吃，這樣的百般討好，換來得卻是故意找碴似的挑剔，前夫總是數落我做的飯菜不好吃、衣服沒洗乾淨，任何不好的事，都能與我扯上關係。此外，我還要出去幫前夫籌錢還債、收拾爛攤子，有時候甚至要借到三、四百萬，那陣子，天一亮我就感到害怕，因為白天銀行九點開門後，我又要開始煩惱今天要去哪借錢。反倒是夜晚讓我覺得安心，因為天黑了，銀行關門了，也代表一天結束了。而我最喜歡颱風天，因為颱風天銀行不開門，我不必借錢、也不必買菜，總算能有個理由可以讓自己好好休息了。這樣的生活壓力，沉重得讓我喘不過氣，但我竟也這樣過了好長一段時間……

　　也有一陣子我的生活窘迫，無力負擔全家人的伙食，而前夫也無法提供我任何援助，當時我心裡想著，自己不吃沒關係，但孩子們要怎麼辦呢？於是我四處向人借米煮飯，尋求資源，靠著自己的力量度過難關，而我也在這之中，學會了獨立，用自己的力量化解危機。後來，因為前夫外遇的打擊，而罹患了

嚴重的憂鬱症，不穩定的情緒打亂了我原本的生活，每當我一閉上眼，過往的生活畫面就像走馬燈似的浮現在腦海前，不斷的重覆播放，就連聽到電視機播放著情歌，都會不自禁得流下淚來，那種心中的痛，讓人無法提振精神。

回頭看從前那個單純、天眞的自己，以爲婚姻就像童話故事般美好，連在廚房做菜割到手，也會跑去先跟前夫說，想藉此得到前夫的關心。但現實敲醒了我夢想中的婚姻，它告訴我在這段婚姻裡，我必須依靠自己的力量，學會堅強。如今，我已經走出這段傷痛，可以笑談過去了，我也感謝前夫帶來的考驗，讓我學會獨立與堅強，不論遭遇到什麼困境，都能靠自己的力量想辦法解決。

現在的我，全心全意投入自創品牌，將整個心思都放在「FEITY 創意皮工廠」上，希望這個牌子能被更多人看到，全家人在一起工作、努力打拼，就是我最大的快樂！

菲媽這樣說：

凡事要靠自己的努力來解決問題，因為沒有人可以讓你依靠一輩子，養成堅強、獨立的個性才能讓自己更邁向成功。

第13課 學會行銷
方向正確 堅持下去就能邁向成功

　　大多數的自創品牌，除了產品的優劣，行銷也是成功的關鍵。倘若能打出品牌知名度，就能有效提升銷售量，反之，品牌若無法被顧客看見就會影響業績，屆時各項壓力便會接踵而來。但在自創品牌還沒打開知名度前，大多都會遇到進貨壓力，有時一天賣不到一個包包，一個月的業績不到十萬，但每進一次原料就要進二、三十萬，所以我只好開始籌措資金解決創業初期的困境。尤其到歲末年終，資金的籌措與調度又變得更加困難。所以商品的銷售速度要快，才能有足夠的現金負擔原物料、年終獎金和水電費等經營成本。

　　其實「FEITY 創意皮工廠」在剛起步時，也和其他自創品牌一樣有進貨壓力、資金調度的問題。品牌創立初期我們在巷子裡設立了工廠和門市，但會特地踏入巷子裡購買包包的人，實在少之又少，而當時的我們也沒有能力增設百貨點與寄賣點，所以根本沒什麼人知道我們的品牌。雖然我也嘗試了許多方法，甚至是花錢買廣告，卻也不見成效，因為沒有知名度就沒有買氣。

　　由於知名度不足的關係，在草創時期女兒便想出許多方法來刺激買氣，運用薄利多銷的方式，讓消費者用很低的價格就可以入手我們的商品，了解我們的好、我們的特色。於是我們連續三年都舉辦福袋活動，讓顧客可以買到相當於五折的產品，真的非常划算。最後一年的福袋活動，我們更賣了近六百個福袋，但由於是純手工製作的產品，訂單量太大時，勢必會影響交貨時間，當時五月的訂單要等到十月才能交貨，但顧客還是非常有耐心的等待我們，這使我非常感動。

• 104 年民進黨主席蔡英文親訪工廠，手作 DIY。

　　除了福袋的行銷策略外，我們也積極參加一些比賽和活動，利用比賽奪得名次，開拓知名度，進而獲得各種活動邀約、各家媒體前來採訪，這對我們而言，可說是打開銷售量與知名度的一大助力！

　　2015 年初，女兒想出了用「廠拍」的方式來減少庫存量並增加知名度，這場拍賣會短短兩個小時內，就賣了將近三十萬的營業額，有了這筆收入除了可以支付我們的水電費、房貸、年終獎金外，更能投入新設備和提升品質，藉此回饋給客戶。

　　經過這一連串的行銷，也使我體會到，懂得變通就是關鍵，與其花錢買廣告，倒不如將錢省下來，提供更多的福利與贈品回饋給支持我們品牌的忠實客戶，因為他們的口碑就是我們最好的宣傳。

菲媽這樣說：

　　不論是新創品牌或個人事業，只要方向正確並一直堅持、努力下去，運用行銷的力量來打開知名度，這樣就能很快地邁向成功。

第 14 課 **學會互助**
學生們來工廠實習 互相成長與進步

　　即便皮工廠逐漸穩定，我仍期許自己能像海綿一樣吸取新知，剛好皮工廠和學校合作，透過提供實習機會，讓學生累積實戰經驗，而我也藉此和他們碰撞出不同的火光。

　　學生們剛到工廠實習時，總說皮工廠讓他們大開眼界！因為，學校裡的皮雕老師、打版師的教學方式較循規蹈矩，相較於我總是隨興的將皮革剪出一個雛形後，再裁剪成我想要的樣子的製作方式，時常把學生嚇得要死，對於出身科班、學過專業理論基礎的學生們來說，這和他們所學的製作流程差異很大，但其實這樣不打版就直接裁剪的技法，就是一種經驗的累積，做久了，總會熟能生巧的呀！

　　在產學合作過的過程中，我和學生們的相處十分融洽，總像朋友般的打成一片，每天一起分享生活的大小事，就連他們去畢業旅行，也不忘打視訊電話回來與我聊天。也因為我看見這群孩子的努力與上進，所以當他們來實習時，我會主動提供便當；去國外畢業旅行時，我也會贊助零用金給他們，希望能幫他們減輕經濟上的負擔。學生畢業後，如果他們有興趣想往製作皮件的方向邁進，我也會提供就業機會給他們。

　　自從有學生來工廠裡實習後，我每天的生活變得多采多姿，除了能將我的經驗、技術分享給他們外，我也能從他們身上學到一些基礎理論與皮件專業，我覺得這是一種互相成長、互相幫助的感覺，而我也很沉浸在這種感覺之中。

• 工廠舉辦手作課程，粉絲們熱情參與。

　　回想一開始我以土法煉鋼的方式，摸索出製作包包的方法，到現在已有二十多年經驗，但我仍希望能活到老、學到老。我發現當學生到工廠實習時，就像替傳統產業注入了年輕人的熱血、新的思維一樣，年輕的他們，總會產生有別與我們的創意，運用各種新的元素，激盪出更多天馬行空的想法，組合出創新的皮件，這對「FEITY 創意皮工廠」來說，是幫助我們進步與創新，而我也期許自己能透過他們，更加成長、精進。

菲媽這樣說：

　　不論是新創品牌，或是個人事業想要成功，我認為「活到老、學到老」都是很重要的一個關鍵。生活中處處是學習，朋友、同事、上司、長官……都是我們可以學習的對象，做人一定要積極進取、互相幫助，才能不斷進步。

第15課 學會轉型
因為曾經不被看好 所以努力做得更好

　　某一天，我整理著塵封已久的舊倉庫，發現了二十多年來我所製作的皮件，有方向盤皮套、手機皮套甚至是我發明的皮環戒指，一陣鼻酸湧上了心頭，原來，這一路走了這麼久，辛苦了這麼久，久到連我自己都忘記這些過去的存在。

　　回想起二十幾年前，我經營的方向盤皮套，生意做得還不錯，工廠裡請很多印尼工人幫忙，不僅在台南小有知名度外，還外銷到日本。隨著方向盤皮套的市場波動和工廠的萎縮，我必須另闢一條跑道來負擔我的生活，於是我又轉做牛皮的手機套。主打將手機套變成可以扣在手上隨意拆卸的創意商品，這讓我一舉登上中華日報。後來我還發明了皮環戒指，是利用磁石點穴的原理刺激穴位。這項產品不僅申請了發明專利，更登上 2001 年的 BANG 雜誌。

　　2001 年後，手機皮套漸漸不流行了，買的人越來越少，師傅想轉型製作包包，於是我也開始土法煉鋼，摸索方法，一針一線、拼拼貼貼的製作包包，當時做出來的款式十分粗糙，沒有拉鍊與內裡，所以也不被看好。

　　「這個包包長的好奇怪！」

　　「為什麼連內裡都沒有？」

　　「車法好粗糙喔，感覺好廉價！」

　　「皮看起來瑕疵很多……」各種批評聲浪不斷在我耳邊響起，但聽到這些批評，我沒有退縮，反而逼著自己勇敢面對，讓這些批評變成向前的動力，一步一步修正到最好，希望能好到讓別人無話可說！而那些曾經不被看好的做

・103 年台南十大文創商品獎金牌 - 老房子存錢筒。

・103 年台南十大文創商品獎金牌 - 老房子側背包。

法，經過我一次次的改良與精進，讓一開始顧客認為「奇怪」的長相，變成了「奇特」的創新與創意，也將他們覺得「粗糙」的車法，進化成「粗曠」的手作感，雖然這兩者之間都只有一字之差，但卻花費了我多年的光陰。

後來特殊的拼布包包，漸漸受到消費者的青睞，熱銷的時候還一度登上了薇薇雜誌。那些最初不被看好、被嫌花俏、奇怪的拼布作法，現在卻引起許多品牌相爭模仿，這也讓我更加警惕自己不能原地踏步，或有一點點成績就感到自滿，懂得改變和創新，我們的產品才會越來越進步。未來我依然堅持以「手工真皮拼布」製作包包，保留著皮革的原始特色。我們的包包，不上背膠、不上邊油的製作風格，正是「FEITY 創意皮工廠」最大的特色！

菲媽這樣說：

我們不能原地踏步，隨時隨地都要力求進步、往前看齊，因為機會總是在你意想不到的時候來敲門，所以不管是多小的機會，都要全力以赴去準備。遇到困難時，我們要懂得轉型、改變，因為危機就是轉機，甚至每一個渺小的機會，都可能是岸邊的竹子，勾住它，就有機會上岸。

第四章

Part 4

孩子眼裡的菲媽：

媽媽，您辛苦了！

謝謝媽媽沒有放棄我
讓我找回人生的方向

　　媽媽常說：「她就像一塊強化玻璃，外表看上去很堅強、敲不破，但其實內心很脆弱。」以前的我，想法幼稚，總拿著自己的不成熟，不斷的從內部敲擊這塊強化玻璃，讓她傷心、難過。但現在我清醒了，我明白我要做的事，就是補強這塊強化玻璃，保護這塊強化玻璃，不再讓她受到傷害。

　　從小，媽媽在我心目中是個女強人，不僅一手包辦家中的大小事外，還身兼父職，扛起家中的經濟重擔。而我從國中時開始叛逆，覺得父母的關心很煩人，當兵後更變本加厲，開始向地下錢莊借錢，當我還不出錢時，地下錢莊便會找上媽媽，讓她替我解決一切。

　　那時我總覺得，即便天塌了下來，還有媽媽為我擋著，做我最大的靠山，所以每次和地下錢莊借錢，還不出錢來時，媽媽就會出面幫我收拾這個爛攤子，雖然心中多少還是會有點過意不去，總覺對家裡造成了影響也讓媽媽不開心，但這種幼稚的想法和行為，依舊沒有改變。

　　直到某一次，地下錢莊的人又押著我去向媽媽討債，但當時的她，罹患了嚴重的憂鬱症，這樣一重又一重的壓力，不斷刺激她的情緒，

讓她無法再負荷，於是，媽媽只好狠下心來，決定不再幫我收拾爛攤子。眼見拿不到錢了，地下錢莊就派了二十幾個人，狠狠得揍了我一頓，那晚我被打得頭破血流，醫院還發了病危通知給媽媽。但這樣痛苦的遭遇，卻是老天賜予我一個重生的機會，在醫院治療一個星期後，我竟奇蹟似地康復了。

痊癒後，母親語重心長的問我：「你還要繼續這樣過日子嗎？是不是該好好規劃自己的人生？」當時，我已經 30 歲了，因為找不到人生的方向，所以每天過得渾渾噩噩，但經過這次的教訓，我告訴自己，如果我再重蹈覆轍，那麼這輩子就注定只能當個廢人了。

於是，我向母親自告奮勇，要跟她學習製作包包，一開始很擔心自己無法勝任，後來才發現，小時候我跟在媽媽的旁邊，看她製作方向盤皮套，很多技術在耳濡目染下，其實我已經會了，所以在製作上也能比較快上手。此外，我也將電腦技術加入工廠運作，希望能提升產品的品質和技術面，也希望幫助舊的傳統產業有新的傳承。

現在的我，每天都全心全意投入工作，希望能用我的努力，讓媽媽過更好的生活，彌補她從前的辛勞，而也我相信，一家人團結合作，一同守護媽媽的自創品牌，一起努力讓這個品牌發光發熱，就是對她最好的回報。

大兒子　陳介峰

我最大的願望
就是媽媽永遠開心快樂

　　許多人說，每個年輕人都會歷經一場叛逆，有的人像西北雨，短暫而壯麗，也有的人像涓涓細雨，悠遠而綿長，但我從不允許自己有這樣的情緒，因為我知道媽媽已經這麼辛苦了，我不能再像其他青春期的孩子一樣，刻意主張自己的意識，引起大家的關注，增加媽媽的煩惱。

　　我常常在想，為什麼好人沒有好報？為什麼媽媽這麼辛苦，還要遭遇這樣的對待？從我有印象以來，家中的一切都是靠著媽媽的雙手，努力打拼出來的，有段時間爸爸與哥哥在外頭欠債，時常有人來家裡討債，媽媽除了要幫忙還債外，家中的三餐與家事也都由她一手包辦，因為顧家的她，一心一意想讓我們有個安穩的生活。

　　發現爸爸外遇後，媽媽罹患了憂鬱症，常常因為壓力太大而做出傷害自己的行為，但當時的我，還只是個高中生，沒有錢也沒有能力幫忙媽媽還債，唯一能做的就是待在她的身邊，陪她聊聊天，幫她分擔一點憂愁與煩惱，那時我心裡只有一個念頭，如果媽媽不在這個世界上了，那麼我活下來也就沒有任何意義了。

　　當媽媽勇敢地走出陰霾，開始自創品牌時，卻被醫生診斷出罹患了癌症，聽到醫生的診斷後，我嚇得全身發抖，因為我真的很害怕失去媽媽。幸好，媽媽罹患的是初期癌症，經過化療後，現在已經穩定控制病情了。但我仍然忘不了她開完刀，掛著點滴，在工廠裡踩著針車的背影，那個背影訴說著她的堅強，也道盡了她滿腹的心酸。

這也讓我想起小時候，放學回家都會看到媽媽埋首於工作的背影，日復一日的車針車，換來的生活卻依舊苦不堪言。直到現在，我看著媽媽工作的背影，她之前承受那麼大的痛苦，總算苦盡甘來了，能感覺到那是個充滿幸福、快樂的背影。

而媽媽的背影，也是許多傳統婦女的縮影，逆來順受的傳統性格，面對困境也不曾埋怨。媽媽說：「菩薩要給人好路走，要看那人自身的努力」，所以她辛苦工作、努力生活，為的就是守護整個家能平安度過每個難關。

一路走來，我看著媽媽靠著自己摸索、開發，製作出各種造型與款式的包包，辛苦了大半輩子都在努力工作，現在有我們這些二代加入媽媽的品牌，注入年輕的想法後，希望能融合傳統產業的優勢，一同激發出更多創意的火花，讓「FEITY 創意皮工廠」能夠持續發光發熱，讓更多消費者看到我們的用心，這也是我現在最大的目標。除此之外，也希望我們全家人都平安喜樂，尤其是媽媽，一定要讓她幸福快樂的過著每一天。

小兒子　陳正哲

　　我有一個很寶的媽，自年輕到老，神經都很大條。在我高中時，她忙於工作，常常無法兼顧家庭與工廠，但她又是顧家的巨蟹座，總希望親手為我們打理些什麼，所以我常常穿著半乾的制服去學校。有一次，上學了才發現，我的制服還是躺在洗衣機裡面，我問我媽怎麼辦？她把制服拿起來，用衣架撐好之後，掛在我摩托車車頭說：「來，妳一邊騎一邊吹轟，轟吹一吹，到學校制服就乾了，剛剛好可以穿哦！」

　　還有一次，我因為還沒考駕照就騎機車，被警察拔牌(壞示範請勿學習)，所以車子一直停在我家門口沒有騎。有一天下課回家，發現我的摩托車怎麼有牌了？衝進去家裡問老媽：「媽，我摩托車的牌妳幫我領回喔？」媽說：「那屋，我透早騎去茱市場捏，剛剛騎回來的阿」「可是我車子沒有車牌，外面那台有車牌耶！」我納悶。她想了想忽然大叫：「唉唷么壽喔，是不是騎到別人的啦，難怪剛剛覺得車子怎麼有茱籃仔！」原來我老母把別人的車騎回來！早期的 jog 摩托車，同一支鑰匙，有時候可以開不同的車，問題是我的車沒後照鏡也沒茱籃，她騎了一台有後照鏡還有茱籃的回來，重點是沒牌的車變成有牌的，這應該都是忙碌過頭造成的後遺症。

　　其實我念書時期很叛逆，曾經翹家、跟不良少年鬼混、中學時還被學校退學留級了一年，當時我很懵懂無知、年輕氣盛、覺得自己與眾不同，想要標新立異引起別人注意，也想引起媽媽注意，因為那些年我媽媽忙於事業，要應酬要出差，根本無暇管我。

　　雖然她沒時間陪我，但她不曾放棄我。記憶中最深刻，讓我回頭的那一次，是因為我國中唸了四間學校還沒畢業，媽媽帶著我去最後一間學校拜託，我看她低聲

下氣的跟學務組長請求，希望學校收我，讓我順利可以畢業。回家之後在客廳，媽媽很激動的哭著問我：「妳可不可以告訴我爲什麼妳變成這個樣子？」那時候看到媽媽頭髮變少了，低著頭在我面前哭泣，我覺得自己很不應該，怎麼會讓事業家庭兩頭燒的媽媽這麼傷心。

現在想起來還是很謝謝媽媽，當初在我最叛逆的時期拉了我一把。我後來自己也創了業，當了媽，徹底了解身爲一個職業婦女，要兼顧事業與家庭是多麼的不容易，要兼顧已經非常困難了，何況是把這兩件事情都做到完美？當我媽的工廠走到絕路面臨倒閉，我只有一個念頭，我看盡老媽走了大半輩子的路，做包包是我媽一生的舞台，怎麼可以讓它倒？

年少時讓媽媽爲我們傷心流淚，用盡心力要保全一個家，她老了我們成長，是不是這個擔子要換我們扛了？全家人齊心打造一個事業，這是很多人殷殷期盼的，很慶幸我們家每一份子都齊心在做這件事，我們之所以如此認眞、認份，也是因爲看過媽媽一路這樣走來，我們認爲再怎麼辛苦，也沒有我媽一路走來這麼苦了。

2014 年我們參加了台南十大文創商品競賽，一舉得名，從市長手中接過金牌獎，我媽媽在台上演講時，我不停的拭淚，因爲我很想跟媽媽說：「媽，這個獎是妳應得的，老天爺終於看到妳了！」

女兒　陳宜芳（小菲）

第五章

Part 5

FEITY
創意皮件精選集

拼布系列演進史

「FEITY 創意皮工廠」最大的特色就是拼布系列包包，我們的包包標牌上面有一句話「有沒有一個包包，能讓妳在路上一眼就認出來？」FEITY 的拼布包系列，就是有這樣的能耐，拼布包是一直以來最熱賣的經典款，喜歡拼布的人會愛到無法自拔，因爲它們就是如此特別、如此搶眼。底下就來跟大家分享，這款具有超強吸引力、獨樹一格的拼布系列！

拼布包在菲媽代工包包時就開始做了，至今已經十幾年了，它一直都代表著「FEITY 創意皮工廠」的品牌精神，它很費工、很獨特、很搶眼、很耐用，完全貫穿了 FEITY 的精神，堅持手工、堅持與眾不同、堅持要令人過目不忘、堅持要商品耐用。

每一針、每一線，都來自老師傅多年的經驗累積，就像我們從零到有一樣，因爲我們一直很認眞、很用心，很熱情！希望藉由我們的代表作「拼布系列」，讓更多人認識與了解，FEITY 是一個多麼道地的台灣精神品牌！

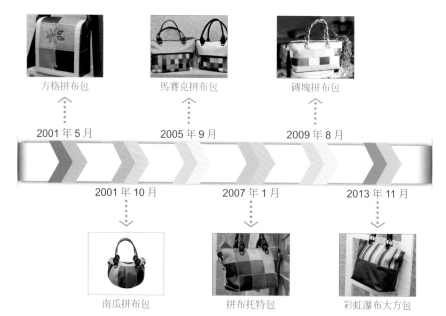

方格拼布包

馬賽克拼布包

磚塊拼布包

2001 年 5 月　　　　2005 年 9 月　　　　2009 年 8 月

2001 年 10 月　　　　2007 年 1 月　　　　2013 年 11 月

南瓜拼布包

拼布托特包

彩虹瀑布大方包

◆方格拼布包

拼布包的做法，要從這一小小片的皮革開始，不斷重複壓製出許多繽紛顏色的方格子，並讓每一片方格子找到與自己契合的、搭配起來和諧的顏色，才能拼湊成一面美麗的圖畫。拼湊好顏色後，再用我們的雙手，一針一線的將它們縫合，於是，就變化出這些繽紛又跳躍的樣子了！

不要小看「經典四格包」，它有好多用法，可以很可愛的勾著、俏麗的提著，還可以很隨興的背起來！除了四格包外，我們也將包包的大小作調整，延伸出六格包、九格包等包款，更厲害的是，拼布系列也能延伸到我們最引以為傲、最特別的房子包。

四格包

六格包

九格包

十二格包

十六格包

房子包

●方格製作過程

◆南瓜拼布包

　　南瓜包的獨特之處就是圓弧形的拼接法，需要一片一片的車縫，接成一顆圓滾滾的球狀，也因為包包是立體圓型空間，收納功能更大更多。除此之外，它可以手提也可以加背袋變化，背出去詢問度超高的，難怪是永遠的暢銷排行 NO.1 ！

◆馬賽克拼布包

　　馬賽克包比方格拼布包的做法更多了幾道程序，在製作上也更加複雜，首先要將每一小片馬賽克皮革團結起來！除了辛苦的黏貼外，還要兼顧顏色的和諧，因此在製作上的難度，比方格包更加困難。全部都黏好之後，還要將邊緣剪齊，再將每一小片馬賽克車縫固定，費了好大番一功夫，才能完成小小一片！

●馬賽克製作過程

◆拼布托特包

拼布托特包是我們家的特色包款，走在路上看到馬上就能認出來的款，其實這個包包在設計上有個小玄機，只要輕輕調整包包側邊的釦子，就能輕鬆將立體托特包變成扁扁購物包！這款包包可以放入 A4 大小的文件，是上班族超熱愛的包款唷！

◆磚塊拼布包

磚塊拼布包是以磚塊般的皮革，一塊塊砌成了一個托特包，特別的是，此包款手把是以三股編織編製而成的，不僅非常有質感，也相當耐重。

◆彩虹瀑布大方包

很多女生都愛問：包包能不能裝 A4 ？這款絕對沒問題，外側還有拉鍊口袋，可另外收納小物，這麼繽紛的彩虹拼接法，只要妳是喜歡素色穿著的女孩兒，絕對百搭！

熱銷包包介紹

{ 01 經典不敗房子包 }

　　這個包是從菲媽代工皮件時期就有的產品，以帶著房子去旅行的概念，將這個包包取名為「房子包」，這款包包的設計十分特別，從側面看就真的像一棟房子，還能還變化出平房（一層）、樓中樓（雙層）、透天（雙層又加寬）的設計，是不是很有趣呀！

{ 02 暢銷熱賣南瓜包 }

　　南瓜包也是從菲媽代工皮件時期就有的產品，那時接了好幾間的代工設計，每間南瓜包都是排行榜上的 NO.1。會取名為南瓜包當然就是因為它長的像一顆南瓜，使用色彩繽紛的真皮一片片拼湊起來，還能讓包包這麼平均的圓，這就是手工的魅力所在，就連底部也都不馬虎，也是圓滾滾的唷！

{ 03 立方體兩用後背包 }

　　這是菲媽大兒子設計的男包款，素面結合拼布的和諧之作，看起來很有個性！除此之外更兼具實用性，口袋又大又立體，不論是肩背、後背都很好看喔！

{ 04 硬版男用斜背包 }

　　這是很有個性的一款男用包，全素面是它的風格，硬底子也是它的特色，簡單的設計感更是它令人一眼愛上的特質。此款使用很特別的「塗料瘋馬皮」製作，所以包包感覺很硬挺、很紮實，表面的塗料讓包包略顯光澤，但卻是溫潤的光澤感。多元的內層設計，可以放置許多私人小物品，還有拉鍊袋夾層，方便收納。

{ 05 打洞款牛皮包 三天兩夜旅行袋 }

　　這款三天兩夜旅行袋，採用拼接法加上打洞牛皮的設計，適合短程旅行使用，可以肩背也可以手提，除此之外，整個包包都是純牛皮，揹起來卻不笨重！關鍵就在於皮革上打滿的洞！整個包包減輕了許多皮革的重量，讓你帶著真皮的質感、旅行的輕巧，輕鬆出門拉！

{ 06 軍事風多功能圓筒包 }

　　這是菲媽小兒子設計的包款，帥氣與功能性結合出的軍事風多功能圓筒包。光是手提、肩背、腰包、斜後背、後背包，一共就五個功能，旁邊兩個立方體小包還可以拆卸掉，裝小數位相機喔！這款包包當成腰包的時候真的非常有特色，創新的設計很受男粉絲們歡迎！

{ 07 老房子存錢筒 }

　　老房子總給人一種神秘卻又溫暖的違和感，神秘的是歷史的痕跡、溫暖的是人文的氣息，將老房子縮小成了迷你造型的存錢筒，象徵了台南人淳樸實在的性格特質。在房子裡面存錢，更別具著「起家」的意義，能感受到長輩們白手起家、一步一腳印打拚的溫暖，成為下一代遮風避雨的磚瓦屋頂。

{ 08 文青包 }

　　文青這兩個字其實到現在，意思已經變得很廣了，但大部分的人還是覺得文青等於文藝青年，就是富有文藝氣質啦，這款包包一看就是這樣的氣質，很簡單、感覺樸素，卻又在小細節裡面蘊含書卷味兒，像是書包卻又沒有書包的呆樣，是不是非常特別呢？

在進入DIY之前

　　菲媽用他一生的經歷，傳達永不放棄的信念，也用他樂觀憨直的性格，讓我們看見堅持的力量，透過菲媽的勵志故事讓我們的生命更加成長與茁壯，在遇到難關時，能將她的故事做為借鏡，時時刻刻提醒自己，堅持下去。

　　菲媽也將她的精神融入她的皮件作品中，她從一針一線的摸索到製作出方向盤皮套、手機皮套與拼布包包，這都是因為她的永不放棄，才能製作出來的產品，而FEITY創意皮工廠不僅承襲了這樣的理念，更加入了年輕一代的創新的想法，為傳統產業注入新血，成功轉型為文創品牌。

　　透過文字的閱讀，彷彿也帶領我們進入菲媽那段辛勤的歲月，在她的故事裡與她共體時艱，與她一同面對命運的考驗，也激勵著我們不論遇到多少困難，都要勇往直前。

　　現在，就讓我們一起動手製作菲媽的創意皮件，透過DIY皮件教學，細細咀嚼這一針一線，來來回回的個中滋味，讓我們帶著菲媽的信念，縫出屬於自己的亮麗皮件。

第六章

Part 6

FEITY
創意皮件
DIY 教學

基礎技巧 QR code
若 Qrcode 連結失敗，可使用網址連結影片。
https://www.youtube.com/playlist?list=PLCwPB2lV0HqqN4Zh0Ff_FlhTW59YllUOm

萬用書套 *01*

步驟參考：p.96-p.106

設計理念

　　現代人非常注重隱私，常常遇到很多客人提到，有沒有賣書套，因為在外面看書時，其實不想讓旁人知道自己在看些什麼。

　　我們聽了覺得這是一個很好的 IDEA，許多文具店都能買到書套，但大部分都是塑膠製品容易損壞使用壽命也不長，真皮製作的書套，隨著使用時間越長表面也會磨得光滑明亮，像是經過打磨的寶石一樣動人，又能在其上發現一道道歲月刻劃下來的記憶痕跡，即使不包書了，也可以當成筆記本的外衣。

古堡劍獅御守 02

製作教學：p.107、p.117

設計理念

御守的概念是來自我們到日本旅遊時，參觀清水寺，看見寺內販售非常多祈福的御守，遊客也幾乎人手一袋，感覺這是個非常有吉祥寓意的商品。

回到台灣之後用這個概念，結合安平古堡的指標－燈塔，與安平神獸－劍獅，設計了這個御守。

安平古堡現被列為國家一級古蹟，也是外地遊客對台南的深刻印象之一。安平古堡的燈塔有登高瞭望的守護之意，與守護安平的神獸『劍獅』相呼應。御守的設計可以收納大廟都有的平安符，希望給收到的人有被守護與祈福的吉祥用意。

古都的月圓零錢包 *03*

步驟參考：p.118-p.123

設計理念

　　我們設計這個月餅零錢包時，正逢中秋佳節前夕，陸陸續續收到親友贈予的月餅，心裡百般交戰，到底是吃還不吃呢？因為一顆小小的月餅，熱量居然有三百多卡！

　　靈機一轉想到，為什麼一定要是吃的月餅？吃完了就沒有了！

　　雖然我們的□□□□□吃，但是它零卡路里很健康，也完全沒有保存期限□□□□□□不會吃完就忘記，還可以裝零錢隨時帶在身上

復古紅磚針插包 *04*

步驟參考：p.124-p.130

設計理念

　　看到這復古的地磚，很多人不知道它正確名稱，其實它人如其名，叫做金錢磚。

　　在不經意的紅磚道上，低頭看見的金錢磚，有道不盡的歲月痕跡，上頭刻劃許多的歷史意義。

　　這個外型被我們發現，很適合做成針插包，因為針插包需要厚底，菲媽常因工作繁忙，用完了針老是會忘記插在哪裡，以致於找東西時常被針給刺傷，工廠於是發想做了一個針插包來收集針，頭層牛皮非常厚實，讓針不易穿過，裏頭塞了記憶性海綿，像枕頭一樣鼓起，它的上頭即使不插針，也是一個很有味道的裝飾品。

貓咪證件套 05

步驟參考：p.131-p.141

設計理念

　　「識別證」在職場上是識別一個人身份的依據，但它往往是嚴肅又無趣的。

　　因為菲堤飼養非常多流浪貓的關係，所以想利用貓咪可愛的特徵，製作出富有童趣的證件套，希望讓消費者在配戴時，讓旁人覺得可愛又特別，在嚴峻緊張的工作環境添加一劑輕鬆的氛圍。

拼布置物盒 *06*

步照參考：p.142-p.154

設計理念

　　菲媽是一個很省的媽媽，很多做包包剩下的皮革她都捨不得丟，把它們集中放在大袋子裡。某次工廠大掃除時，不小心把袋子當作垃圾丟掉了，菲媽覺得心疼不已，她說這些皮就像是自己小孩一樣，每一片都有不同的顏色跟特性，丟掉了實在可惜。

　　後來菲媽看到有多出來的皮革，就會把皮裁一裁，拼接成置物盒，這些置物盒每一個都是菲媽天馬行空的配色，每一個都是獨一無二，本來只放在門市裡收納雜物，沒想到它們也打動了顧客的心，許多顧客都詢問是否可以購買，也因此我們才將置物盒正式上架。

車輪餅零錢包  07

步驟參考：p.155-p.162

設計理念

　　有一個很炎熱的午後，門市裡來了一位老伯伯，說要買零錢包送給孫子，它的孫子是大學生，去外地念書很少回家，假日才會回來看爺爺奶奶。

　　伯伯手上提著一袋車輪餅，說他孫子最愛吃車輪餅了，從國小吃到大學，那間車輪餅攤子生意還是有夠好，屹立不搖。

　　因為孫子很愛吃車輪餅，想要一個零錢包可以跟車輪餅一樣大，問我們願不願意幫他訂製？

　　從不接客製化訂單的我們，被老伯伯這番話打動了，破例為他做了一個車輪餅零錢包，希望外地求學的遊子，可以常常想到爺爺對你的愛⋯

貼心小物收納袋 08

步驟參考：p.163-p.172

設計理念

　　某一次遇到一位客人到門市，支支吾吾的不知道要買什麼，後來才表明，是想要找可以放衛生棉或面紙等女生私密小物品的小袋子，因為每當在公共場合要上廁所，私密小物拿出來時，往往都覺得很害羞。

　　貼心小物收納袋的設計尺寸，是讓女生可以放各種私密物品為出發點，外表可愛又不失皮革質感，保護心中少女的秘密，不管幾歲都有少女的一面，儘管外表再堅強成熟，仍看得出少女的心。

包子兔立體零錢包 *09*

步驟參考：p.173-p.185

設計理念

　　菲堤是一個很愛小動物的品牌，總共養了六隻貓一隻狗，商品中有許多都是可愛小動物造型，當然包子兔也不例外。兔子圓滾滾軟綿綿的身體、水汪汪的黑眼睛和屁股上一搓小尾巴，總是讓菲堤的粉絲們少女心大爆發。

　　礙於工廠內已經有很多動物，沒辦法再養隻小兔子，只好靠設計來宣洩一下愛動物的心情，讓一個零錢包有著可愛小兔子外型，平時可以拿著使用，放在家裡也能像一隻小兔子蹲在桌上看著主人一舉一動，這樣是不是很萌呢？

骨頭滑鼠護腕 *10*

步驟參考：p.186-p.189

設計理念

　　工作疲勞、視力差、消化不良、腕隧道症等等各種文明病困擾著現代的上班族，長時間使用電腦的工作環境讓他們吃不消，這在菲堤的工廠也能看到，常常設計一個包包就是坐在電腦螢幕前一整天，一日下來手腕疼痛不堪，有沒有方法可以改善呢？

　　菲媽的小兒子問問工廠的老狗狗「旺旺」，旺旺是一隻約 14 歲左右的雪納瑞，牠總是在上班的時候趴在設計師旁，像是在看守，像是在陪伴，小兒子笑著跟牠說：「要是能夠把手放在你身上就可以充當護碗墊了」。這句話看似無心卻也激發了他的靈感，設計出這款有狗骨頭外型的護腕，不僅能長時間使用滑鼠的手得到緩解，還讓人感受到動物陪伴身旁一股暖暖的感覺。

工具及材料介紹 *Tools and Material*

01. 手縫針

縫製皮革。

02. 蠟線

縫製皮革。

03. 間距規

調節邊線距離時使用。

04. 鐵尺

測量皮革邊長。

05. 強力膠

黏合皮革。

06. 刷膠片

將強力膠塗抹均勻。

07. 雙面膠

黏合皮革。

08. 線剪

裁剪縫線。

09. 剪刀

裁剪皮革。

10. 裁皮刀

裁切皮革。

11. 美工刀

裁切皮革。

12. 菱斬

打洞工具。

13. 圓斬

打洞工具。

14. 二菱斬

打洞工具。

15. 衝鈕器

固定四合扣。

16. 打火機

燒熔縫線。

17. 木槌

輔助打洞時使用。

18. 膠板

打洞時放置於皮革下的保護墊。

19. 海綿

放置皮革內層，幫助皮革呈現立體造型。

20. 海綿

擦拭皮革。

21. 拭鏡布

擦拭皮革。

22. 防水防污噴霧

去除皮革污漬並保養皮革。

23. 泡沫噴霧

去除皮革污漬並保養皮革。

24. 油蠟

去除皮革污漬並保養皮革。

25. 皮繩

裝飾皮件。

26. 拉鍊

輔助兩片皮革合併。

27. 老虎鉗

拉開或固定金屬扣環。

28. 鑰匙圈

裝飾皮件。

29. 四合扣

輔助兩片皮革合併。

皮革選用方式

一、皮革的植鞣與鉻鞣

(一) 植物鞣製：

1. 提煉植物中的單寧製成植物性鞣劑，將皮革長期浸泡於鞣劑中。

2. 較費時但不含化學物質，對人體較無危害。

3. 性質硬挺，可塑性強。

4. 多用於製作鞋底。

(二) 鉻鞣製：

1. 以硫磺鉻製成的鞣製劑。

2. 質地柔軟，並須結合染色製作。

3. 多用於製作包包、皮衣與皮件。

二、皮革的種類：

(一) 牛皮：皮質細嫩，較小牛皮厚重，適用於各式皮製品。

(二) 小牛皮：皮質細嫩，質量輕，易染色，多用於皮雕製作。

(三) 羊皮：皮質柔軟，光澤次於牛皮，多用於裝飾品。

(四) 豬皮：毛孔圓大，透氣佳，多用於包包、鞋子內裏。

(五) 馬皮：質地細柔，耐用，多用於皮靴、皮背心、手套等。

三、皮革的使用部位

可利用範圍：

(一) 肚皮：皮較鬆弛，蟲蚊咬傷痕跡及皺紋多。

(二) 背皮：較緊實，蟲咬與傷疤較少，多裁切成四方形，以便完整利用。

(三) 臀部皮：較多刮痕與傷疤，也是最常摩擦的部位。

(四) 頸皮：有明顯的頸紋，是最容易辨別真偽皮的部位，廣受日本消費者喜愛。

(五) 頭層皮：意為表皮，有天然的紋路及疤痕，光澤也較二榔皮明顯，完整的頭層皮，整塊可使用的範圍只有七至八成，價格較高。

(六) 二榔皮：表皮之下的皮層為二榔皮，無明顯紋路與傷痕，完整的二榔皮使用率高達百分之百，故價格低廉。

四、天然皮革的優劣

	天然皮革優點	天然皮革缺點
1.	外觀美麗	面積小
2.	可耐高溫、寒冷	易發霉
3.	塑造力強	處潮濕環境變不耐熱
4.	吸濕性高	價格不固定
5.	易染色	不耐鹼

五、天然皮革與人造皮革的區別

	天然皮革	人造皮革
材質	動物的皮膚	ＰＵ合成
厚薄度	不均勻	均勻
彈性	彈性佳	缺乏彈性
毛孔分布	深不見底且不均勻	淺顯垂直且分布一致
吸水性	吸水性強	吸水性弱
氣味	皮毛味	塑膠味
燃燒後	粉狀	觸感黏膩，冷卻後成塊狀。

六、FEITY 六大皮革介紹

1. 荔枝紋

選取靠近牛肚附近的皮,由緊密的纖維層層堆疊,故張力很好,皮革觸感厚實且非常有彈性。

2. 塗料皮

以塗上染料製成的塗料皮,防水性強,廣泛運用於包包。

3. 特殊壓皮

特別開模壓製其他動物紋路的皮革。

4. 瘋馬皮

表面刮痕凌亂無序,帶點油膩感,凹折後有變色效果,色澤溫潤復古,真皮感非常強烈。

5. 牛巴戈皮

絲絨手感,品質高,製作時須用細緻磨砂紙處理。

6. 油蠟皮

外表帶有一層油亮的光澤並蠟感十足的皮料,多用於靴子。

皮革裁剪與穿洞方法

動態影片連結
－紙型裁切

動態影片連結
－紙型打洞

動態影片連結
－間距規打洞

步驟說明 *Step by step* ⋯⋯⋯⋯⋯⋯⋯⋯⋯⋯⋯⋯⋯⋯⋯⋯⋯⋯⋯⋯

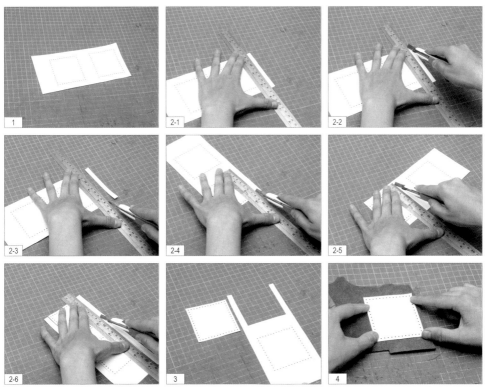

01. 取出紙型。

02. 以尺為輔助，用美工刀裁切紙型四邊。

03. 如圖，紙型裁切完成。（註：建議裁切紙型時，將原始紙型留下，以複製的紙型做裁切，避免破壞
　　紙型原始尺寸。）

04. 將紙型放置皮革上比對黏貼位置。

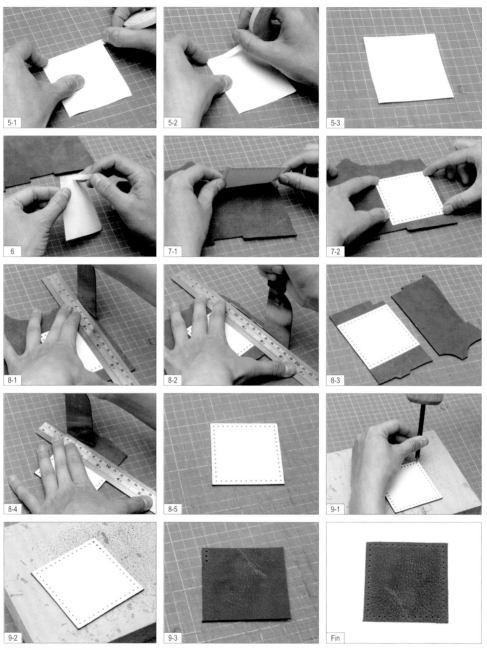

05. 以雙面膠黏貼紙型背面。

06. 撕下雙面膠膠膜。

07. 將紙型由上往下黏貼皮革。

08. 以尺為輔助對齊紙型，用裁皮刀裁切皮革。

09. 以圓斬沿著紙型洞孔進行打洞。

Fin. 如圖，皮革裁切與打洞完成。

測量縫線方法

◆ 量測縫線方法一

步驟說明 *Step by step* ....

1-1
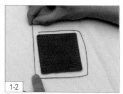
1-2

01. 以縫線測量皮革周長，並纏繞皮革周長 2.5
倍長即可。（註：基本測量長度爲 2.5 倍長，
若爲初學者則可測量 3.5 倍長備用。）

◆ 量測縫線方法二

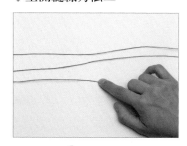

步驟說明 *Step by step* ....

1-1
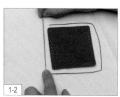
1-2
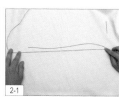
2-1
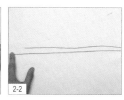
2-2

01. 以縫線測量皮革周長。
02. 先將圓周拉直並對折爲兩倍長，再反折出 0.5 倍長即可。（註：基本測量長度爲 2.5 倍長，若爲初
學者則可測量 3.5 倍長備用。）

蠟線穿線技巧

步驟說明 *Step by step* ··

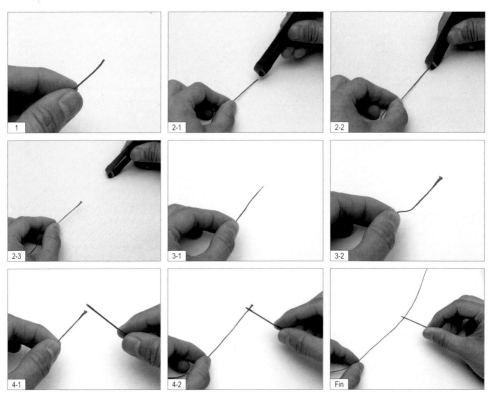

01. 取線頭。

02. 以線剪背面壓平線頭。

03. 如圖,線頭成較扁平狀。

04. 取縫針,將已加工線頭穿入縫針中。

Fin. 如圖,蠟線穿線技巧完成。

手工縫製方法

◆平針縫且須回縫

動態影片連結

步驟說明 *Step by step* ·····················

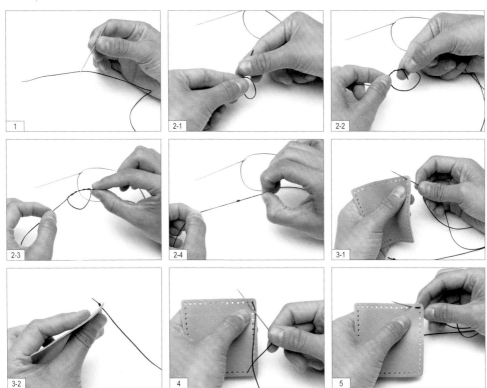

01. 取縫線穿入縫針。
02. 將縫線尾端做平結。（註：此處縫線為一長一短，並於長邊打結。）
03. 將縫線穿出第一個洞孔，並拉緊縫線。
04. 將縫線穿入第二個洞孔。
05. 將縫線穿出第三個洞孔。

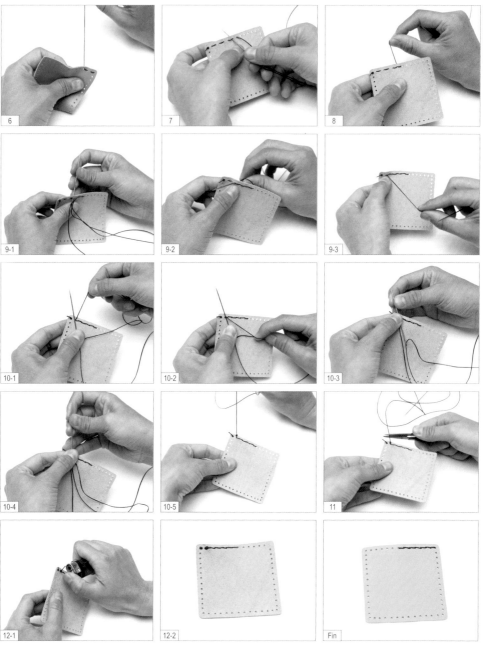

06. 用手將縫線拉緊。

07. 縫至適當長度後，將皮革翻至背面，穿回前一個洞孔。

08. 用手將縫線拉緊。

09. 持續進行回縫。

10. 平針縫縫製完畢後做止縫結。

11. 以線剪裁剪剩餘縫線。

12. 以打火機將縫線燒熔固定。

Fin. 如圖，平針縫且須回縫完成。

◆雙針縫

動態影片連結
－雙針縫穿線

動態影片連結
－雙針縫縫製

步驟說明 *Step by step* ·······················

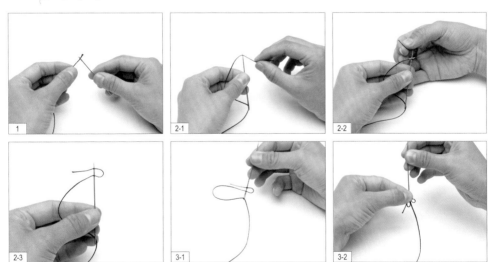

01. 將縫線穿入縫針。
02. 將縫線反折並穿刺針頭。（參考示意圖 01-03。）
03. 將穿好的縫線由上往下拉至尾端做繩結。（參考示意圖 04-06。）

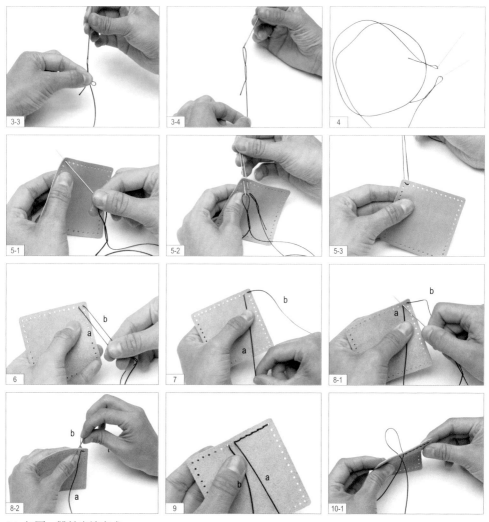

04. 如圖，雙針穿線完成。

05. 依序將已穿線的縫針穿入洞孔，並拉緊縫線。

06. 將皮革翻至背面，明確分出 a、b 針。

07. 以左手固定 a 針不動。

08. 將 b 針進行平針縫，來回穿過第二、第三個洞孔後，回到皮革背面位置為兩針的左側，即變為 a 針。（參考示意圖 07-09。）

09. 以 a 針不動，b 針穿縫的穿縫原則縫至適當長度。（參考示意圖 10-13。）

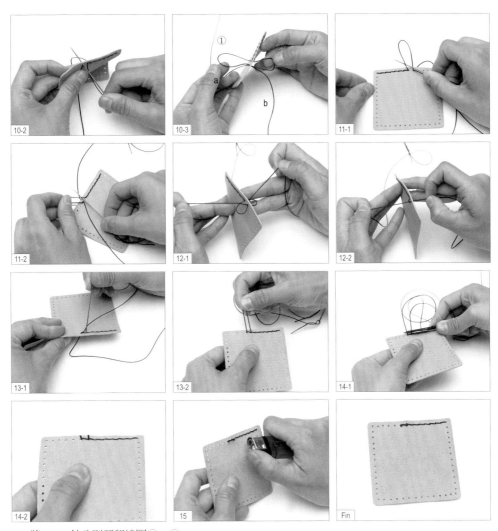

10. 將 a、b 針分別預留線圈①、②。

11. 先將 a 針穿刺線圈①，再將 b 針穿刺線圈②。（參考示意圖 16-18。）（註：此處穿刺不會移動的線圈。）

12. 將 a、b 兩針拉緊固定。（參考示意圖 19。）

13. 將 b 針穿回皮革內層，並拉緊縫線。（參考示意圖 20-21。）

14. 以線剪裁剪剩餘縫線。

15. 以打火機將縫線燒熔固定。

Fin. 如圖，雙針縫縫製完成。

◆雙針縫示意圖

穿線

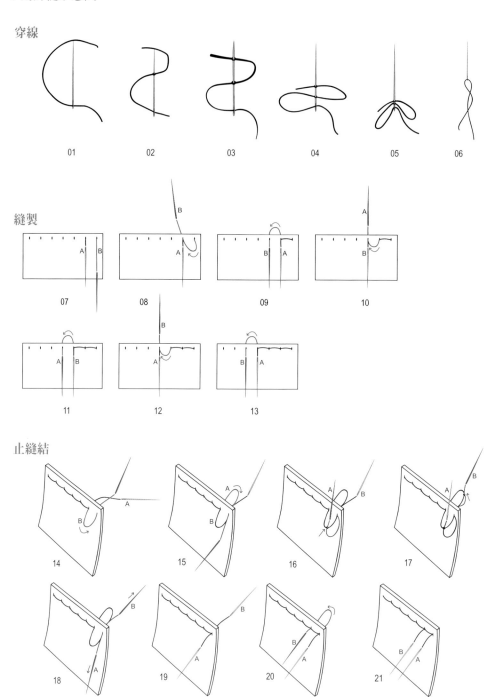

01　　02　　03　　04　　05　　06

縫製

07　　08　　09　　10

11　　12　　13

止縫結

14　　15　　16　　17

18　　19　　20　　21

◆斜針縫

動態影片連結
－斜針縫

動態影片連結
－L 型斜針縫

步驟說明 Step by step ....

01. 取已穿線的縫針由後往前穿入單片皮革。
02. 先取第二片皮革與第一片對齊，再由後往前穿入前一洞孔。
03. 用手將縫線向下拉緊。
04. 將縫針由右側繞到後側，穿回第一個洞孔。

05. 重複步驟 5，依序向下穿縫。

06. 將縫針由後往前穿入兩片皮革內，準備進行收尾。

07. 在皮革內做止縫結。

08. 以線剪裁剪剩餘縫線。

09. 以打火機將縫線燒熔固定。

Fin. 如圖，斜針縫製完成。

書縫製作方法

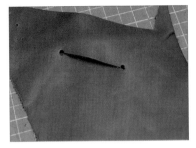

步驟說明 *Step by step*

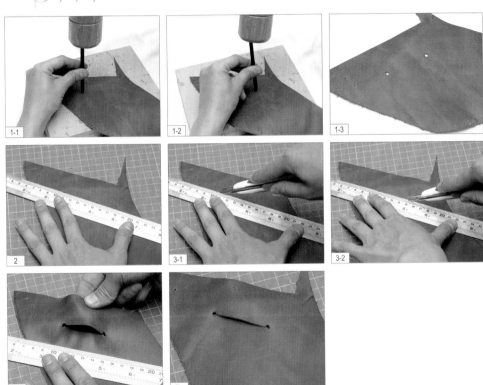

01. 以圓斬間隔適當距離進行打洞。
02. 用尺對齊兩洞孔。
03. 以美工刀割劃兩洞的適當距離。
Fin. 如圖,書縫製作完成。

皮件保養方法

◆皮革保養方法－防水防污噴霧

步驟說明 *Step by step*

01. 以防水防污噴霧對準皮革汙漬處。
02. 將汙漬噴上一層防水防污噴霧。
Fin. 待噴霧揮發後，即保養完成。

◆皮革保養方法－油蠟修復方法

步驟說明 *Step by step*

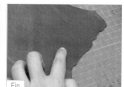

01. 找出皮革受損處。
02. 取拭鏡布包覆食指外圍。
03. 以拭鏡布沾取油蠟。
04. 如圖，油蠟沾取完成。
05. 用手將塊狀的油蠟抹平於拭鏡布。
06. 以拭鏡布對準皮革受損處。
07. 以拭鏡布用力摩擦受損處。
Fin. 如圖，皮革修復完成。

◆皮革保養方法－打火機修復法

  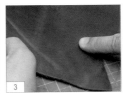 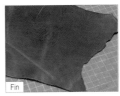

01. 找出皮革受損處。
02. 以打火機烘烤受損處，火苗停留 2-3 秒。
03. 用手指快速摩擦皮革受損處。
Fin. 如圖，皮革修復完成。

◆皮革保養方法－泡沫修復法

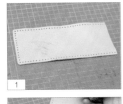   

01. 找出皮革汙漬處。
02. 將泡沫噴霧噴於海綿上。
03. 將已塗抹泡沫的海綿對準汙漬處。
04. 用海綿將泡沫塗於皮革汙漬處上。
05. 以海綿將泡沫推開。
06. 以海綿用力摩擦泡沫與皮革，直到泡沫完全消失爲止。
Fin. 如圖，皮革修復完成。

萬用書套 01

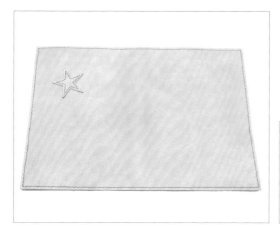

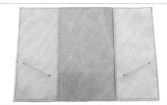

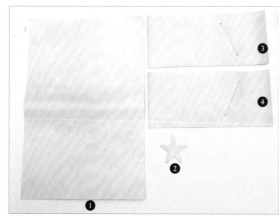

材料 *Material*

- ❶ 書背
- ❷ 星星
- ❸ 左側書耳
- ❹ 右側書耳

紙型連結

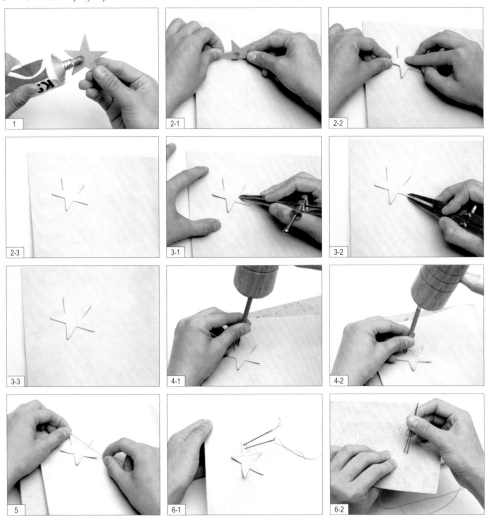

01. 將強力膠塗抹於星星背面。

02. 將星星黏貼於書背上。

03. 以間距規畫出星星邊線。（註：畫線時，建議分段畫線，避免邊線歪斜。）

04. 以二菱斬沿著邊線打洞。

05. 取縫線測量所需長度。

06. 取已穿線的雙針，將星星縫製於書套正面。

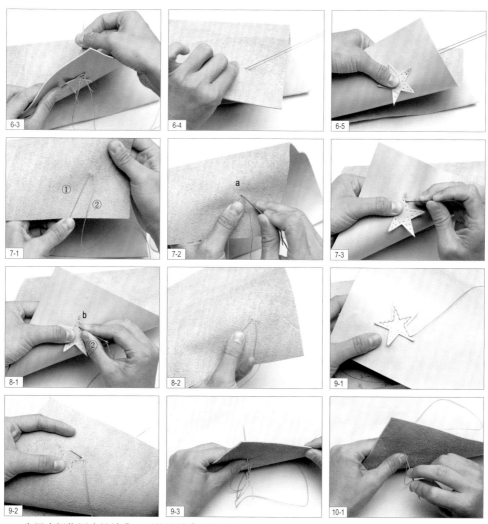

07. 先用大拇指固定縫線①，再將縫線②穿出洞孔 a。

08. 將縫線②穿進洞孔 b，回到皮革背面，位置於左側。（註：此時原先可移動的縫線②已轉為固定不動的縫線①，原先不可動的縫線①，則為可移動的縫線②。）

09. 依循縫線①不動，縫線②穿縫，兩線交替縫製的規律進行雙針縫。(註：雙針縫詳見 P.87。)

10. 將縫線①、②穿過洞孔後，分別預留一個線圈①、②。

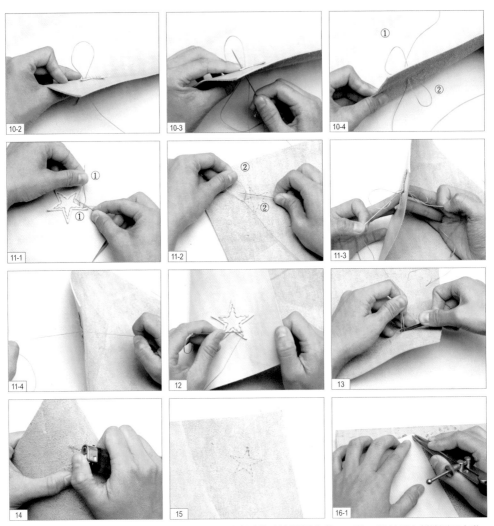

11. 先將縫線①穿刺線圈①後，再將縫線②穿刺線圈②並拉緊固定①。（註：縫針須穿刺線圈不會動的一邊。）

12. 將在縫線①穿回皮革背面。

13. 以線剪裁剪剩餘縫線。

14. 以打火機將縫線燒熔固定。

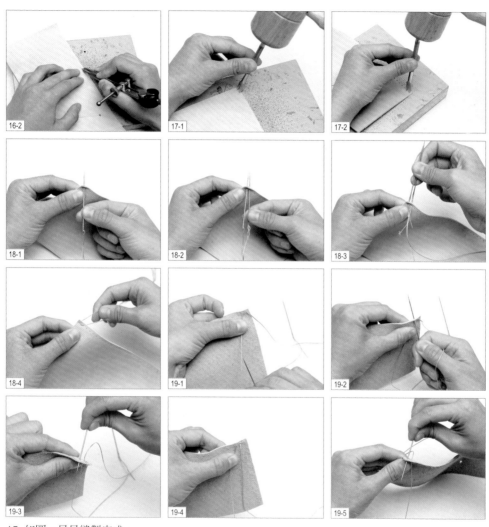

15. 如圖，星星縫製完成。

16. 以間距規畫出左側書耳邊線。（註：畫邊線時，建議分段畫線，避免邊線歪斜。）

17. 以二菱斬沿著邊線打洞。

18. 取已穿線的雙針由外向內穿入洞孔。

19. 沿著洞孔進行雙針縫。(註：雙針縫詳見 P.87。)

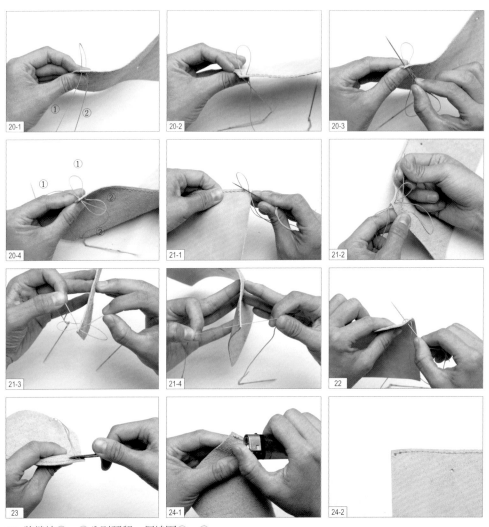

20. 將縫線①、②分別預留一個線圈①、②。

21. 先將縫線①穿刺線圈①，再將縫線②穿刺線圈②。（註：縫針須穿刺線圈不會動的一邊。）

22. 將縫線①穿回皮革背面。

23. 以線剪裁剪剩餘縫線。

24. 以打火機將縫線燒熔固定。

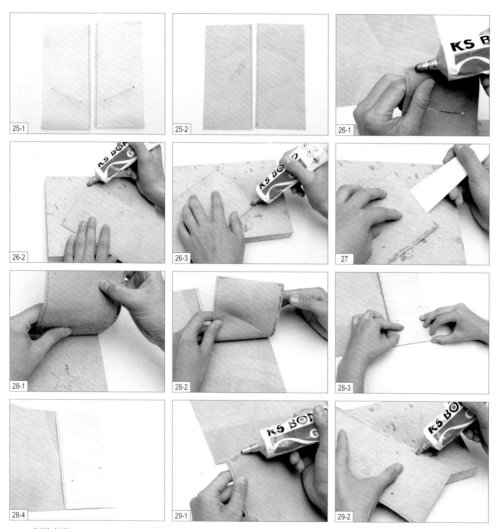

25. 重覆步驟 **16-24**，完成右側書耳。（註：書縫製作方法詳見 P.93。）
26. 以強力膠塗抹右側書耳。
27. 以刷膠片將強力膠塗抹均勻。
28. 將右側書耳由上往下黏貼於書背。
29. 重複步驟 **26**，將強力膠塗抹於左側書耳。

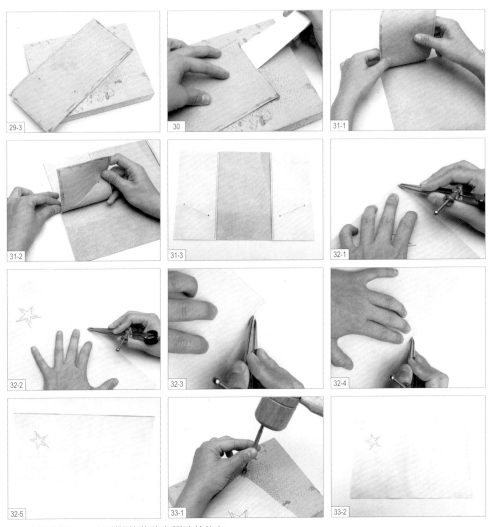

30. 重複步驟 27，以刷膠片將強力膠塗抹均勻。

31. 重複步驟 28，將左側書耳由上往下黏貼於書背。

32. 以間距規畫出書背邊線。（註：畫線時，建議分段畫線，避免邊線歪斜。）

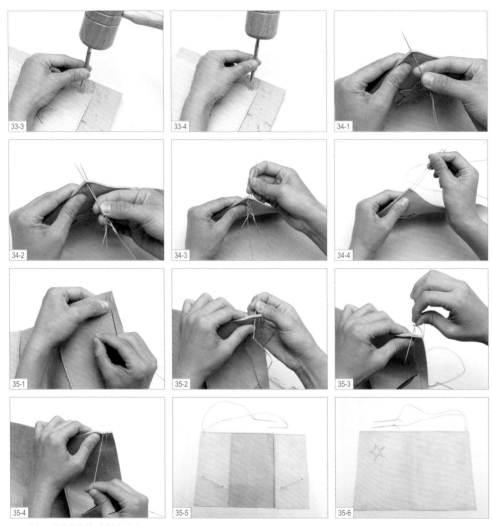

33. 以二菱斬沿著邊線打洞。

34. 取已穿線的雙針由外向內穿入洞孔。

35. 沿著洞孔進行雙針縫。(註:雙針縫詳見 P.87。)

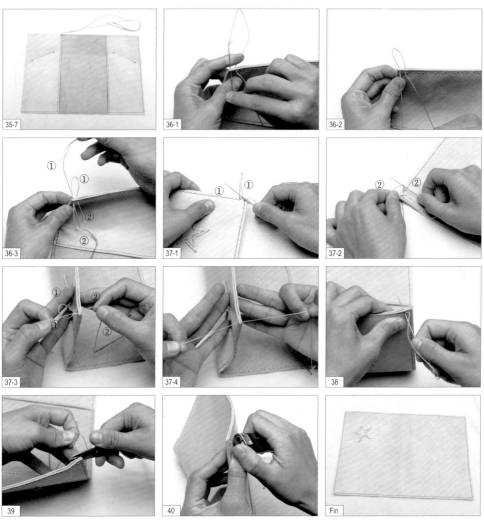

36. 將縫線①、②分別預留一個線圈①、②。

37. 先將縫線①穿刺線圈①，再將縫線②穿刺線圈②。（註：縫線須穿刺線圈不會動的一邊。）

38. 將縫線①穿回皮革背面。

39. 以線剪裁剪剩餘縫線。

40. 以打火機將縫線燒熔固定。

Fin. 如圖，萬用書套完成。

STYLE
02
古堡劍獅御守

古堡劍獅御守 02

紙型連結

 材料 *Material*

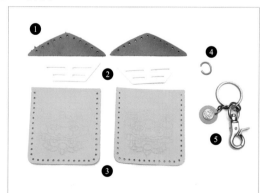

❶ 三角形皮革
❷ 白色皮革
❸ 黃色皮革
❹ C 型環
❺ 鑰匙圈

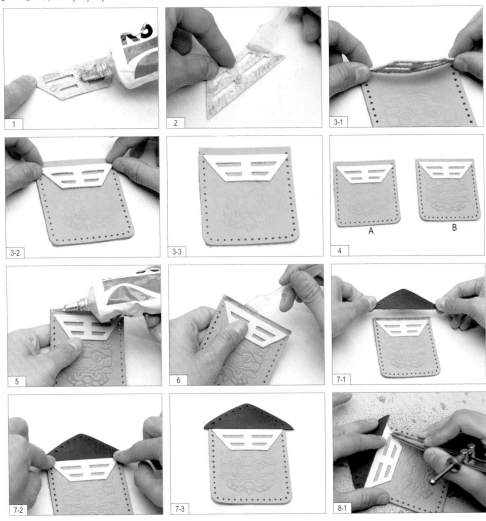

01. 以強力膠塗抹白色皮革。

02. 以刷片將強力膠塗抹均勻。

03. 將白色皮革由上往下黏貼於黃色皮革 A。

04. 重複步驟 1-3，製作黃色皮革 B。

05. 以強力膠塗抹黃色皮革 A 上緣。

06. 以刷片將強力膠塗抹均勻。

07. 取三角形皮革由上往下黏貼於黃色皮革 A。

08. 以間距規畫出白色皮革邊線。（註：畫線時，建議分段畫線，避免邊線歪斜。）

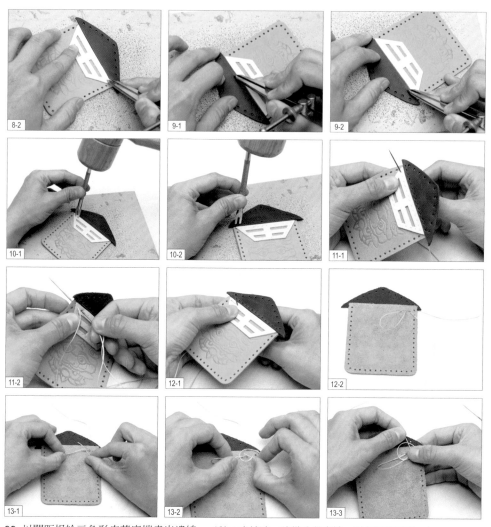

09. 以間距規於三角形皮革底端畫出邊線。（註：畫線時，建議分段畫線，避免邊線歪斜。）

10. 以二菱斬沿著邊線打洞。

11. 取已穿線的縫針，由後往前穿出第一個洞孔後，再穿回第二的洞孔做平針縫。（註：此處穿線暫不打結，並預留線尾於背面。）

12. 將縫針穿出正面第三個洞口，並於背面預留線圈。

13. 先將預留的線尾穿過線圈，再將線尾做單結。

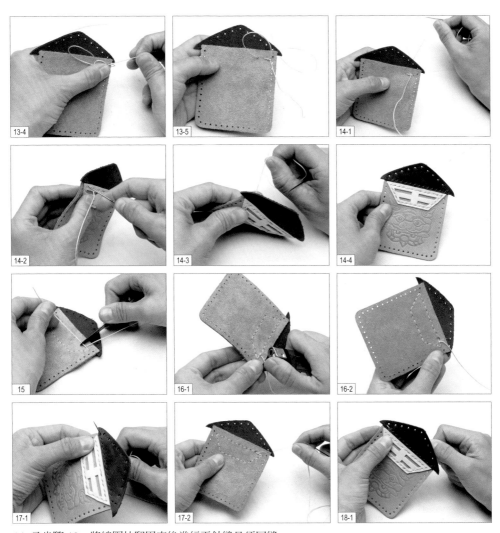

14. 承步驟 13，將線圈拉緊固定後進行平針縫且須回縫。

15. 用線剪裁剪單結剩餘的線尾。（註：此處不可裁剪穿縫線。）

16. 以打火機將線尾燒熔固定。

17. 將縫針穿入三角型皮革第一個洞孔。

18. 進行平針縫且須回縫。

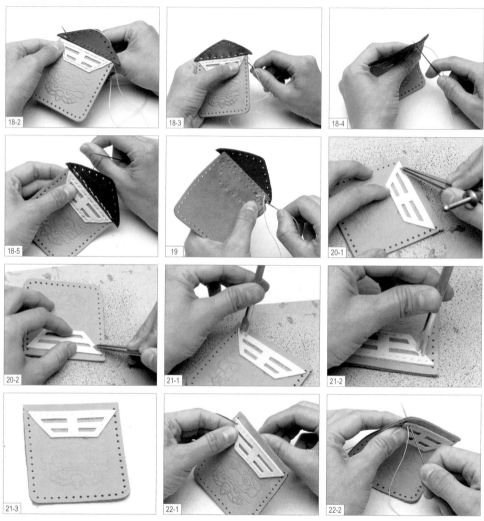

19. 將縫針穿入右排第一個洞孔，放置一旁備用。

20. 取黃色皮革 B，重複步驟 8，以間距規畫出白色皮革邊線。（註：畫線時，建議分段畫線，避免邊線歪斜。）

21. 以二菱斬沿著邊線打洞。

22. 取已穿線的縫針，由後往前穿出第一個洞孔後，再穿回第二的洞孔。（註：此處穿線暫不打結，並預留線尾於背面。）

23. 將縫針穿出皮革正面第三個洞口，並於背面預留線圈。

24. 先將預留的線尾穿過線圈，再將線尾做單結。

25. 將線圈拉緊固定後進行平針縫且須回縫。

26. 將縫針穿過皮革背面縫線，並預留線圈。

27. 將縫針穿過圈線做單結。

28. 以線剪裁剪剩餘縫線。

29. 以打火機將縫線燒熔固定。

30. 將黃色皮革 A、B 兩片合併。

31. 以橫向縫製，固定兩片皮革。

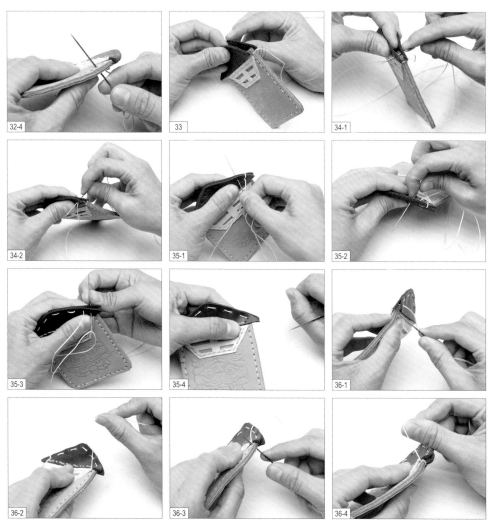

32. 承步驟 31，進行平針縫且須回縫。
33. 另取一塊三角形皮革，對齊黃色皮革 B。
34. 以橫向縫製第一個洞孔，固定黃色皮革與三角形皮革。
35. 進行平針縫。
36. 先以直向縫製將縫針穿出黃色皮革，再以橫向縫製固定皮革。

37. 以直向縫製將縫針穿回三角形皮革。

38. 以回針縫製三角形皮革。

39. 將縫針進行藏針縫。

40. 將縫線做止縫結。

41. 將縫針穿回黃色皮革中間。

42. 以線剪裁剪剩餘縫線。

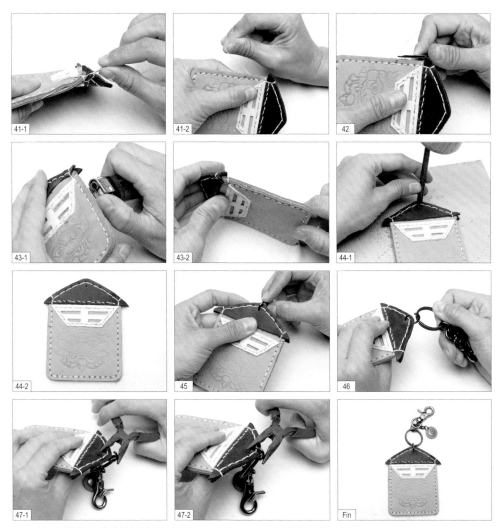

43. 以打火機將縫線燒熔固定。

44. 以圓斬在三角形皮革頂端打出一個洞孔。

45. 用手將 C 型環穿入洞孔

46. 將鑰匙圈穿入 C 型環。

47. 以尖嘴鉗將 C 型環兩端並攏。

Fin. 如圖，古堡劍獅御守完成。

古都的月圓零錢包

古都的月圓 零錢包 03

紙型連結

材料 *Material*

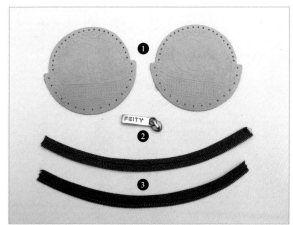

❶ 皮革
❷ 拉鍊頭
❸ 拉鍊

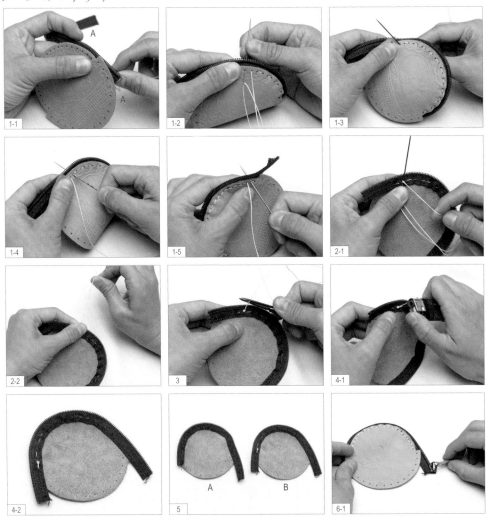

01. 取已穿線縫針，穿入拉鍊 A 與皮革 A 進行平針縫且須回縫。
02. 平針縫縫畢後做止縫結。
03. 以線剪裁剪剩餘縫線。
04. 以打火機將縫線燒熔固定。
05. 重複步驟 1-4，縫製皮革 B 與拉鍊 B。
06. 依序將拉鍊套入拉鍊頭，並將拉鍊拉起。

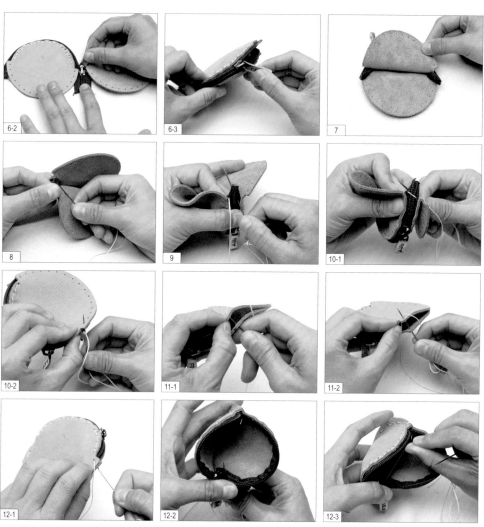

07. 將皮革 A、B 上下打開。

08. 將縫針穿入拉鍊 A 內襯。

09. 將縫針穿出拉鍊 B 內襯，並拉緊縫線。

10. 將縫線由下往上穿過拉鍊，進入皮革 A 第一個洞孔。

11. 先以橫向縫製固定兩片皮革與拉鍊，再以直向縫製進行平針縫。

12. 縫至尾端，將縫線以橫向縫製，加強固定兩片皮革與拉鍊。

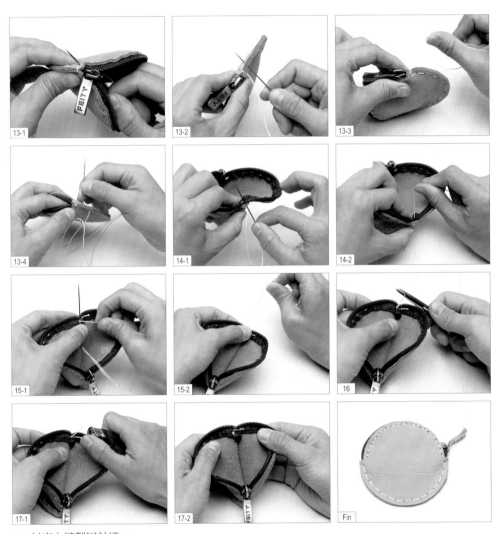

13. 以直向縫製回針縫。

14. 將縫針進行藏針縫。

15. 將縫線做止縫結。

16. 以線剪裁剪剩餘縫線。

17. 以打火機將縫線燒熔固定。

Fin. 如圖，古都的月圓零錢包完成。

復古紅磚針插包

復古紅磚
針插包 04

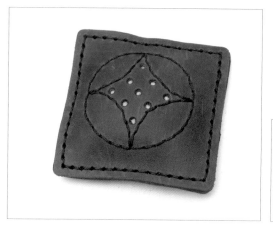

 材料 *Material*

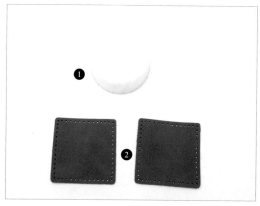

❶ 圓形海綿
❷ 皮革

紙型連結

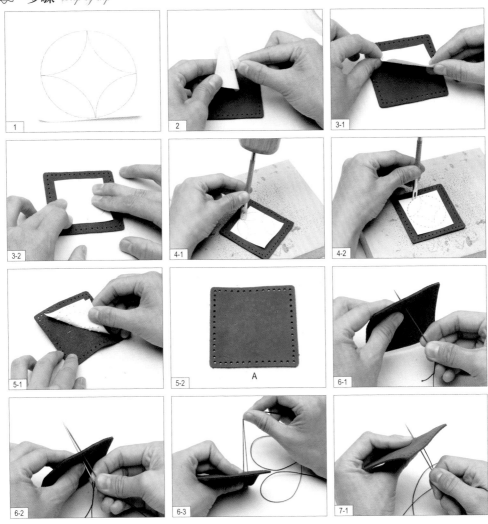

01. 取已貼雙面膠的紙型。
02. 撕下紙型背面的雙面膠膠膜。
03. 將紙型黏貼於皮革背面。
04. 以二菱斬沿著紙型的線條打洞。
05. 撕下紙型為皮革 A。
06. 依序穿入雙針，並將縫線拉緊。
07. 以雙針縫縫製皮革 A 表面菱形圖。（註：雙針縫詳見 P.78。）

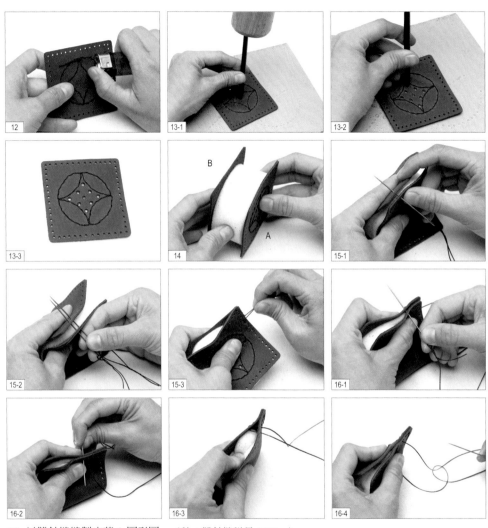

08. 以雙針縫縫製皮革 A 圈形圖。（註：雙針縫詳見 P.87。）

09. 先將正面的縫針穿回背面，再以線剪裁剪剩餘縫線。（註：此處須預留長度。）

10. 將兩端縫線做兩次單結固定。

11. 以線剪裁剪剩餘縫線。

12. 以打火機將縫線燒熔固定。

13. 以圓斬於菱形圖案中打洞。

14. 另取皮革 B，將海綿放置皮革 A、B 中間。

15. 依序將雙針穿過皮革 A、B 任一稱的洞孔。

16. 以雙針縫縫製皮革 A、B 外圍洞孔。（註：此處縫製皮革同時，須一邊用手指將海綿塞入皮革中。）

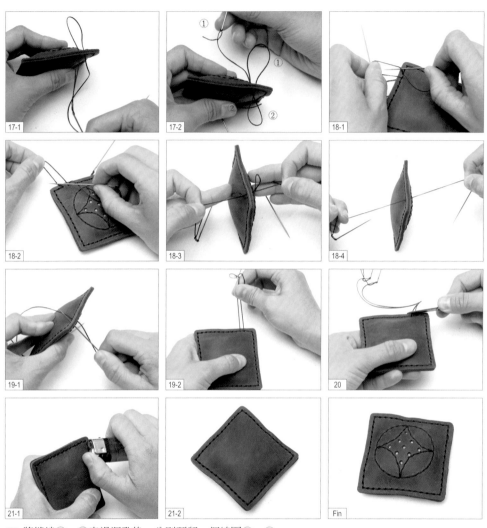

17. 將縫線①、②穿過洞孔後，分別預留一個線圈①、②。

18. 先將縫線①穿刺線圈①，再將縫線②穿刺線圈②。（註：縫針須穿刺線圈不會動的一邊。）

19. 將縫線①穿回皮革背面。

20. 以線剪裁剪剩餘縫線。

21. 以打火機將縫線燒熔固定。

Fin. 如圖，復古紅磚針插包縫製完成。

STYLE
05

貓咪證件套

貓咪證件套 05

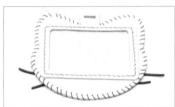

 材料 *Material*

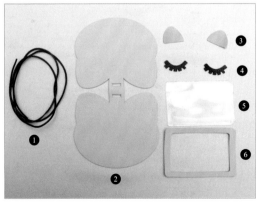

- ❶ 皮繩
- ❷ 貓形皮革
- ❸ 貓耳皮革
- ❹ 貓眼皮革
- ❺ 透明片
- ❻ 方形皮革

紙型連結

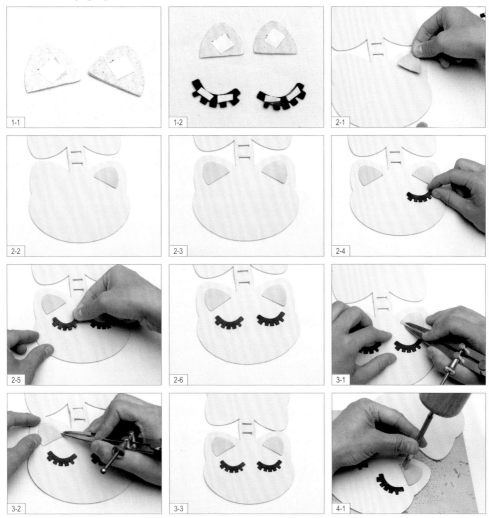

01. 將貓耳皮革與貓眼皮革依序貼上雙面膠。
02. 依序撕下雙面膠膠膜,並將貓耳皮革與貓眼皮革黏貼於貓型皮革。
03. 以間距規畫出貓耳皮革邊線。(註:畫線時,建議分段畫線,避免邊線歪掉。)
04. 以二菱斬沿著貓耳皮革的邊線打洞。

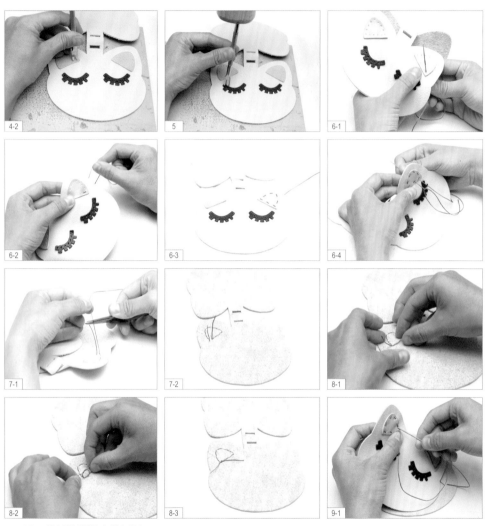

05. 以二菱斬將貓眼皮革打洞。

06. 取已穿線的縫針將右側貓耳皮革進行平針縫且須回縫。（註：此處須預留線尾。）

07. 以線剪裁剪剩餘縫線。（註：此處須預留縫線。）

08. 將兩端縫線做兩次單結固定。

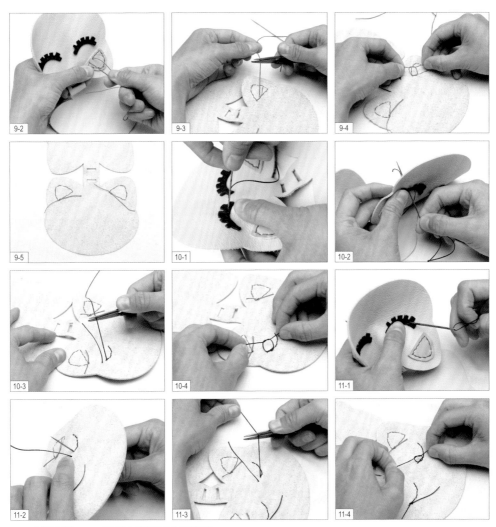

09. 重複步驟 6-8，進行左側貓耳皮革縫製。

10. 重複步驟 6-8，進行左側貓眼皮革縫製。

11. 重複步驟 6-8，進行右側貓眼皮革縫製，並將四塊皮革剩餘縫線以打火機燒熔固定。

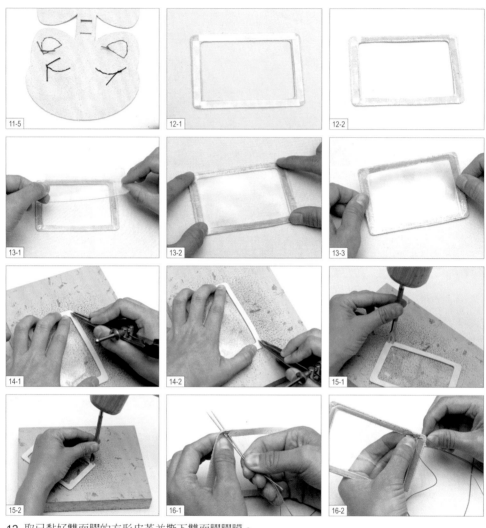

12. 取已黏好雙面膠的方形皮革並撕下雙面膠膠膜。

13. 將透明片黏貼於方形皮革。

14. 以間距規畫出方型皮革一長邊邊線。（註：畫線時，建議分段畫線，避免邊線歪斜。）

15. 以二菱斬沿著邊線打洞。

16. 取已穿線的雙針進行雙針縫。（註：此處縫畢不做收尾，會接續用於另外三邊縫製。雙針縫詳見 P.87。）

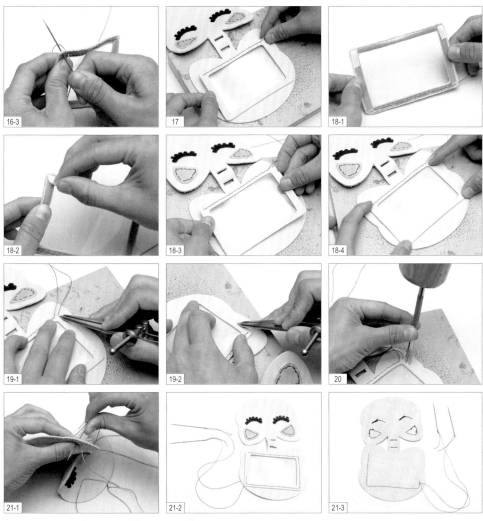

17. 將方形皮革放置貓形皮革上確認固定位置。

18. 將方形皮革以雙面膠固定於貓形皮革上。

19. 以間距規畫出方形皮革剩餘三邊邊線。（註：畫線時，建議分段畫線，避免邊線歪斜。）

20. 以二菱斬沿著邊線打洞。

21. 承步驟 16，繼續進行雙針縫。（註：雙針縫詳見 P.87。）

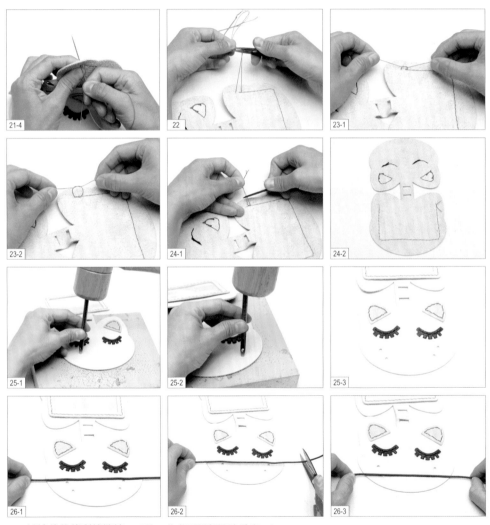

22. 以線剪裁剪剩餘縫線。（註：此處須預留縫線長度。）

23. 將兩端縫線做兩次單結。

24. 以線剪裁剪剩餘縫線。

25. 以圓斬於貓形皮革打出四個洞。

26. 取皮繩並裁剪所需長度。

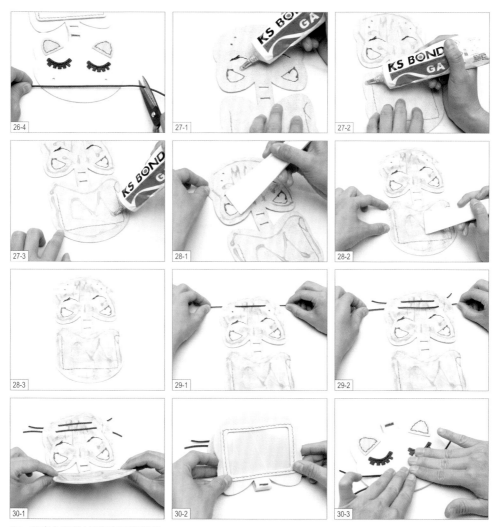

27. 以強力膠塗抹貓形皮革背面。
28. 以刷膠片將強力膠塗抹均勻。
29. 將裁剪好的皮繩穿入洞孔。
30. 將貓形皮革對折黏合。

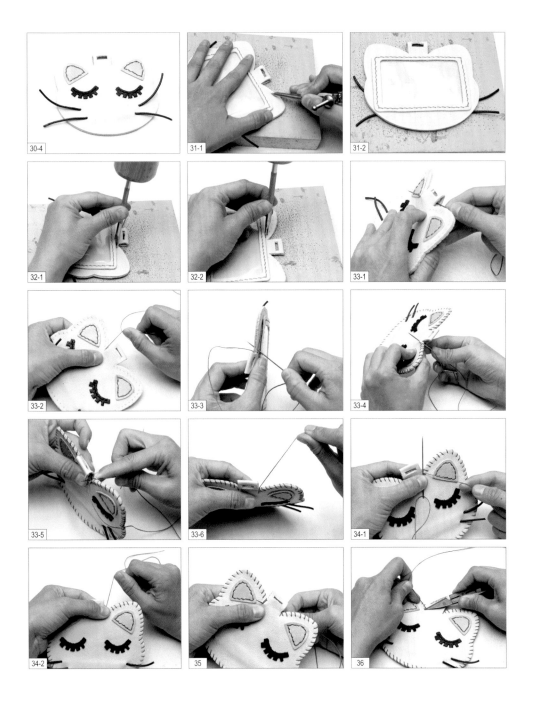

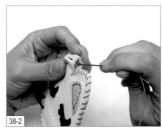

31. 以間距規畫出貓形皮革邊線。（註：畫線時，建議分段畫線，避免邊線歪斜。）

32. 以二菱斬沿著邊線打洞。

33. 取已穿線的縫針進行斜針縫。

34. 斜針縫縫畢後做止縫結於貓形皮革背面。

35. 將縫針穿出貓形皮革左側第一個洞孔。

36. 以線剪裁剪剩餘縫線，並以打火機燒熔固定。

37. 以縫針沾取強力膠。

38. 將強力膠塗抹於貓形皮革頂端縫隙。

39. 用手按壓黏合皮革。

40. 以文件夾夾住頂端加強固定。

Fin. 如圖，貓咪證件套縫製完成。

拼布置物盒 06

紙型連結

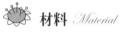 材料 *Material*

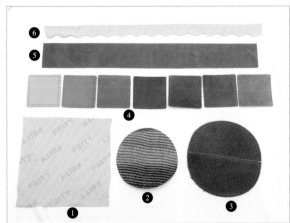

1 內裡布
2 小圓形皮革
3 大圓形皮革
4 方形皮革
5 長條皮革
6 波紋皮革

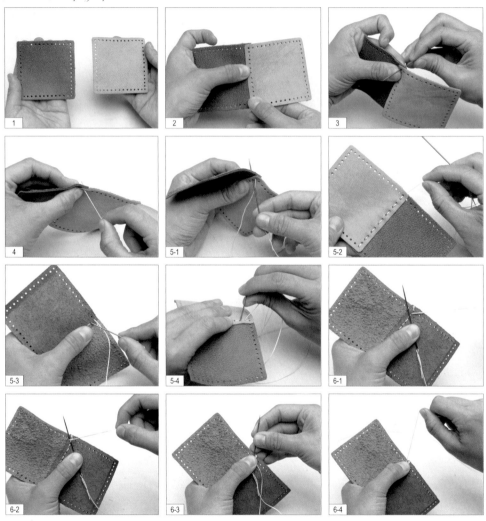

01. 取兩片方形皮革。

02. 將兩皮革併攏，對齊洞孔。

03. 取已穿線的縫針穿入第一個洞孔。

04. 用手拉緊縫線。

05. 將兩方形皮革進行平針縫且須回縫。

06. 回針縫畢後做止縫結。

07. 以線剪裁剪剩餘縫線。

08. 如圖，兩塊方形皮革穿縫完成。

09. 取第三塊方形皮革，接續已縫製完成的兩塊方形皮革，進行平針縫且須回縫。

10. 回針縫畢後做止縫結。

11. 以線剪裁剪剩餘縫線。

12. 如圖，第三塊方形皮革穿縫完成。

13. 重複步驟９，取第四塊方形皮革，接續已縫製完成的三塊方形皮革，進行平針縫且須回縫。

14. 回針縫畢後做止縫結。

15. 以線剪裁剪剩餘縫線。

16. 如圖，第四塊方形皮革穿縫完成。

17. 重複步驟 13，取第五塊方形皮革，接續已縫製完成的四塊方形皮革，進行平針縫且須回縫。

18. 回針縫畢後做止縫結。

19. 以線剪裁剪剩餘縫線。

20. 如圖，第五塊方形皮革穿縫完成。

21. 重複步驟 17，取第六塊方形皮革，接續已縫製完成的五塊方形皮革，進行平針縫且須回縫。

22. 回針縫畢後做止縫結。

23. 以線剪裁剪剩餘縫線。

24. 如圖，第六塊方形皮革穿縫完成。

25. 重複步驟 21，取第七塊方形皮革，接續已縫製完成的六塊方形皮革，進行平針縫且須回縫。

26. 回針縫畢後做止縫結。

27. 以線剪裁剪剩餘縫線。

28. 如圖，第七塊方形皮革穿縫完成。

29. 取長條皮革與方形皮革平行放置。

30. 以強力膠塗抹長條皮革。

31. 以刷膠片將強力膠塗抹均勻。

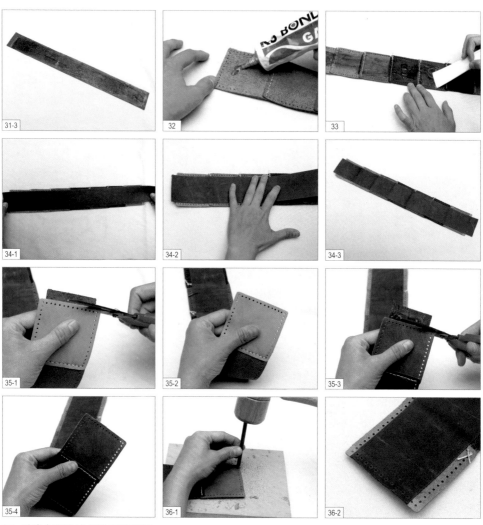

32. 以強力膠塗抹方形皮革背面。

33. 以刷膠片將強力膠塗抹均勻。

34. 將長條皮革與方形皮革合併黏貼。

35. 以剪刀裁剪剩餘的長條皮革。

36. 以圓斬於方形皮革兩端進行打洞。

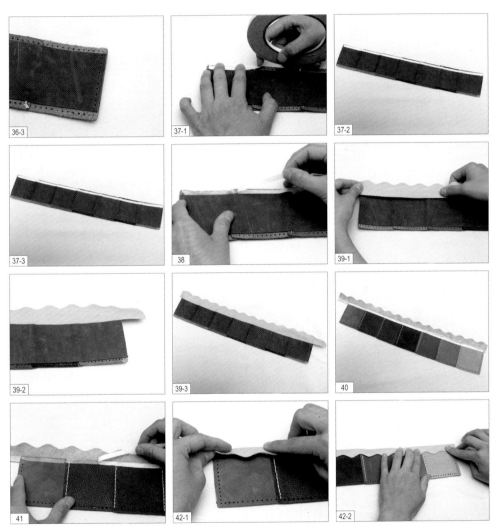

37. 以雙面膠黏貼方形皮革上緣。

38. 撕下雙面膠膠膜。

39. 將波紋皮革黏貼於方形皮革上。

40. 將方形皮革翻至反面，黏貼雙面膠。

41. 撕下雙面膠膠膜。

42. 將波紋面向下反折，並黏貼於方形皮革正面。

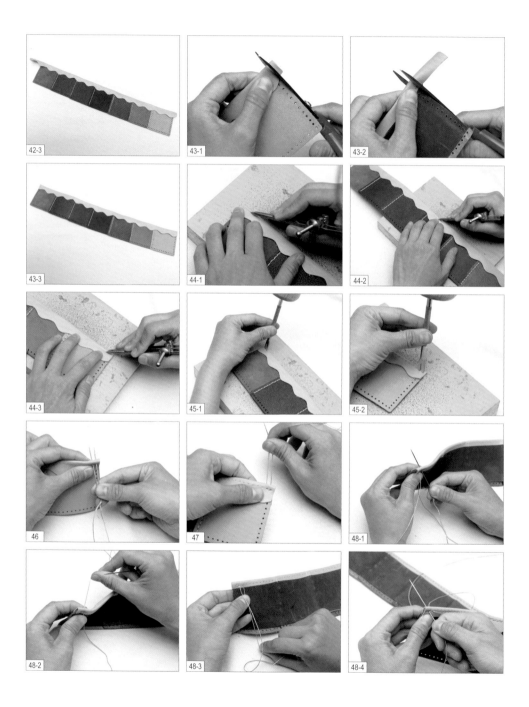

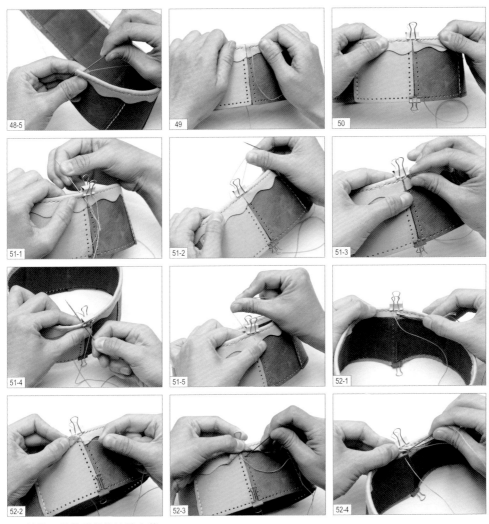

43. 以剪刀裁剪剩餘的波紋皮革。

44. 以間距規畫出波紋皮革邊線。（註：畫線時，建議分段畫線，避免邊線歪斜。）

45. 以二菱斬沿著波紋皮革邊線打洞。

46. 取已穿線的雙針穿入波紋皮革的洞孔。

47. 用手將縫線拉緊。

48. 將方形皮革翻至背面，開始進行雙針縫。（註：雙針縫詳見 P.87。）

49. 將方形皮革兩端併攏對齊。

50. 以文書夾將皮革兩端暫時固定。

51. 將方形皮革兩端第一個洞孔進行橫向縫製，固定兩端皮革。

52. 將雙針交叉縫製方形皮革兩端。

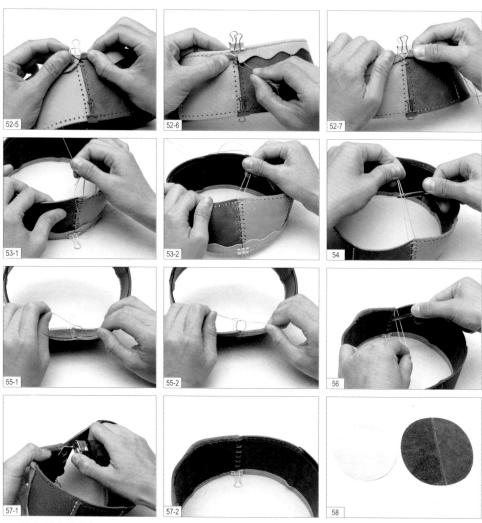

53. 將方形皮革底部最後一個洞孔做橫向縫製，加強固定兩端皮革。

54. 以線剪裁剪剩餘縫線。（註：此處須預留長度。）

55. 將兩端縫線做兩次單結固定。

56. 以線剪裁剪剩餘縫線。

57. 以打火機將縫線燒熔固定。

58. 取大、小圓形皮革。

59. 以強力膠塗抹大、小圓形皮革。

60. 以刷膠片將強力膠塗抹均勻。

61. 將大、小圓形皮革黏合成一片圓形皮革。

62. 以強力膠塗抹已加工的圓形皮革。

63. 以刷膠片將強力膠塗抹均勻。

64. 將內裡布由上往下黏貼於圓形皮革。

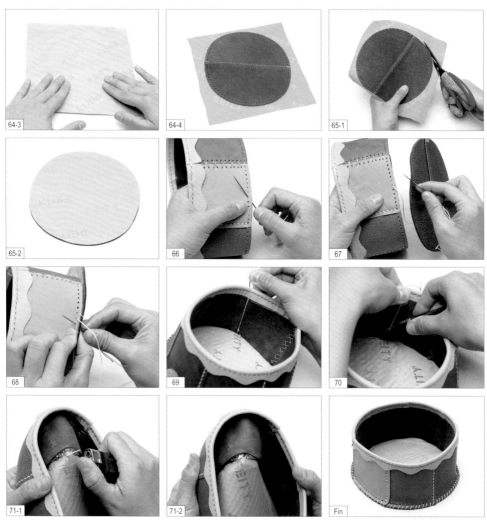

65. 以剪刀沿邊裁剪多餘的內裡布。

66. 將縫針穿入方形皮革底部任意的洞孔。（註：此處不可穿入方形皮革兩端連結的洞孔，避免導致作品裂開。）

67. 將縫針穿入圓形皮革。

68. 將兩皮革進行斜針縫。

69. 斜針縫縫畢後於置物盒底部做止縫結。

70. 以線剪裁剪剩餘縫線。

71. 以打火機將縫線燒熔固定。

Fin. 如圖，拼布置物盒縫製完成。

車輪餅零錢包

車輪餅零錢包 07

紙型連結

材料 *Material*

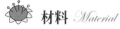

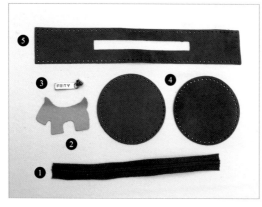

❶ 拉鍊
❷ 犬形皮革
❸ 拉鍊頭
❹ 圓形皮革
❺ 長條皮革

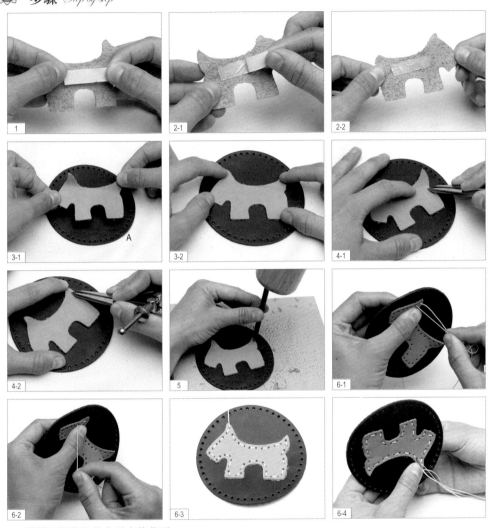

01. 將雙面膠黏貼於犬形皮革背面。
02. 撕下雙面膠膠膜。
03. 將犬形皮革黏貼於圓形皮革 A 上。
04. 以間距規畫出犬形皮革邊線。
05. 以圓斬沿著犬形皮革邊線打洞。
06. 取已穿線的縫針將犬形皮革進行平針縫且須回縫。

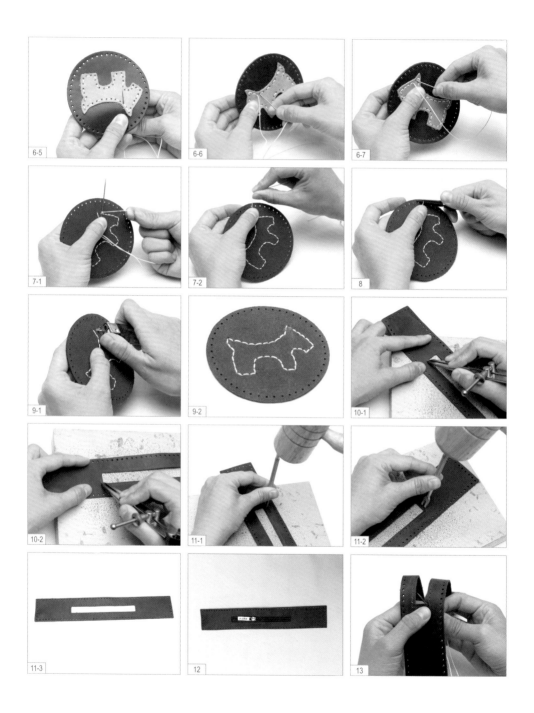

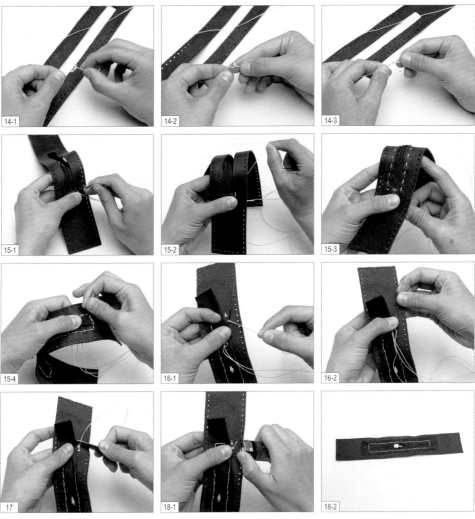

07. 回針縫縫畢後做止縫結。

08. 以線剪裁剪剩餘縫線。

09. 以打火機將縫線燒熔固定。

10. 以間距規畫出長條皮革邊線。（註：畫線時，建議分段畫線，避免邊線歪斜。）

11. 以二菱斬沿著長條皮革的邊線打洞。

12. 將拉鍊套上拉鍊頭，放置於長條皮革下方，比對穿縫位置。

13. 取已穿線的縫針，由後往前穿入長條皮革。

14. 將長條皮革翻至背面，在線尾做平結

15. 將長條皮革與拉鍊進行平針縫且須回縫。

16. 平針縫縫畢後，用手將拉鍊內襯掀起做止縫結。

17. 以線剪裁剪剩餘縫線。

18. 以打火機將縫線燒熔固定。

19. 先將長條皮革彎折成弧形，再取已穿線的縫針穿入第一個洞孔。

20. 將長條皮革兩端併攏對齊，再將縫線穿入下方第一個洞孔，固定皮革兩端。

21. 將縫針穿回皮革上端第一個洞孔。

22. 將長條皮革進行斜針縫。

23. 縫至底部最後一個洞孔進行直向穿縫，固定皮革兩端。

24. 直向穿縫縫畢後做止縫結。

25. 以線剪裁剪剩餘縫線。

26. 以打火機將縫線燒熔固定。

27. 將已穿線的縫針穿入圓形皮革 A。

28. 取已加工長條皮革，對齊圓形皮革 A。

29. 將圓形皮革 A 與已加工長條皮革進行斜針縫。

30. 斜針縫縫畢後做止縫結。

31. 以線剪裁剪剩餘縫線。

32. 以打火機將兩端剩餘縫線燒熔固定。

33. 將已穿線的縫針穿入已加工的長條皮革。

34. 取圓形皮革 B 對齊長條皮革。

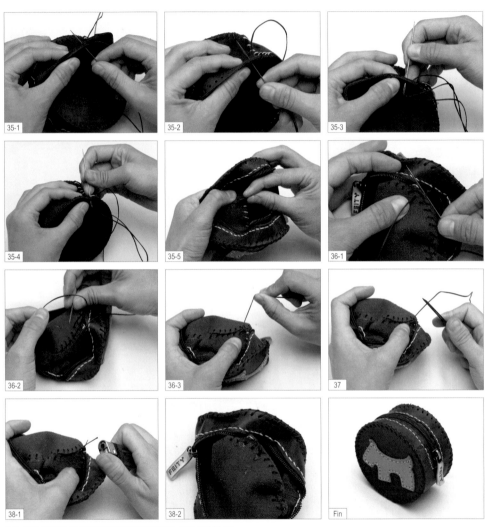

35. 將已加工長條皮革與圓形皮革 B 進行斜針縫。

36. 斜針縫縫畢後做止縫結。

37. 以線剪裁剪剩餘縫線。

38. 以打火機將縫線燒熔固定。

Fin. 如圖，車輪餅零錢包縫製完成。

STYLE
08
貼心小物收納袋

貼心小物
收納袋 08

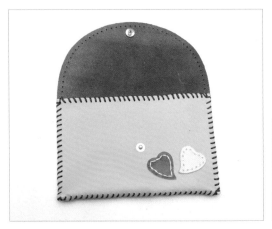

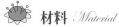 材料 *Material*

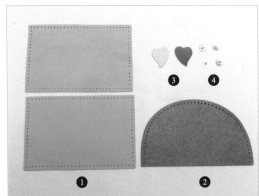

- ❶ 粉色皮革
- ❷ 半圓皮革
- ❸ 愛心皮革
- ❹ 四合扣

紙型連結

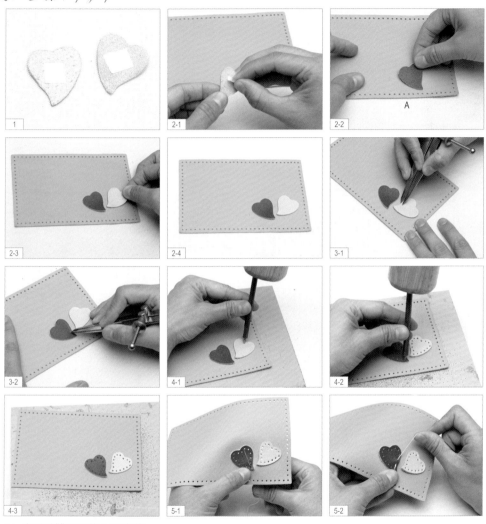

01. 取已貼雙面膠的心形皮革。
02. 先撕下雙面膠膠膜，再依序黏貼心形皮革於粉色皮革 A。
03. 以間距規畫出心形皮革邊線。（註：畫線時，建議分段畫線，避免邊線歪斜。）
04. 以圓斬沿著心形皮革邊線打洞。
05. 取已穿線的縫針進行平針縫且須回縫。

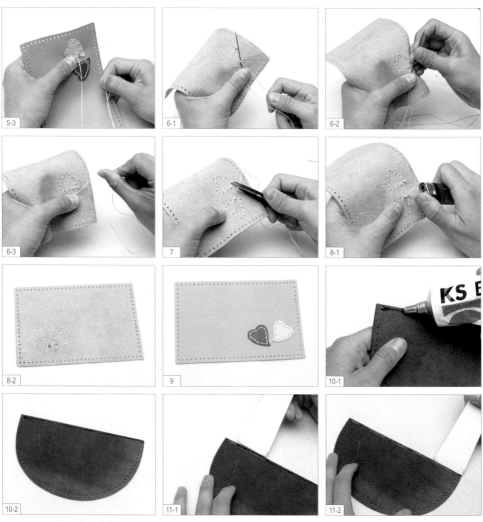

06. 平針縫縫畢後做止縫結。

07. 以線剪裁剪剩餘縫線。

08. 以打火機將縫線燒熔固定。

09. 心形皮革縫製完成。

10. 以強力膠塗抹半圓皮革上緣。

11. 以刷膠片將強力膠塗抹均勻。

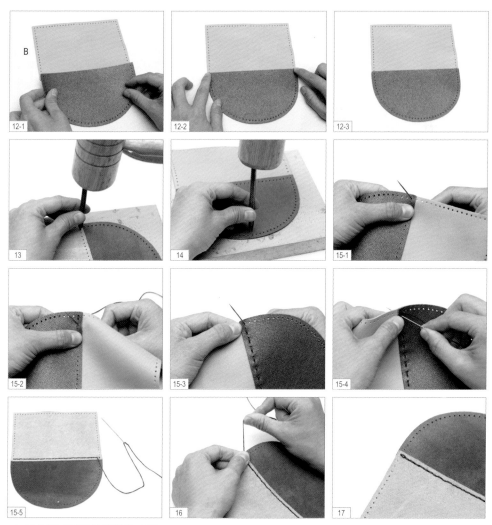

12. 將半圓皮革黏貼於粉色皮革 B。
13. 以圓斬沿著粉色皮革洞孔進行打洞。
14. 以圓斬預先在半圓皮革打出公母扣洞孔。
15. 取已穿線的縫線進行平針縫且須回縫。
16. 平針縫縫畢後做止縫結。
17. 先以線剪剪裁剩餘縫線，再以打火機將縫線燒熔固定。

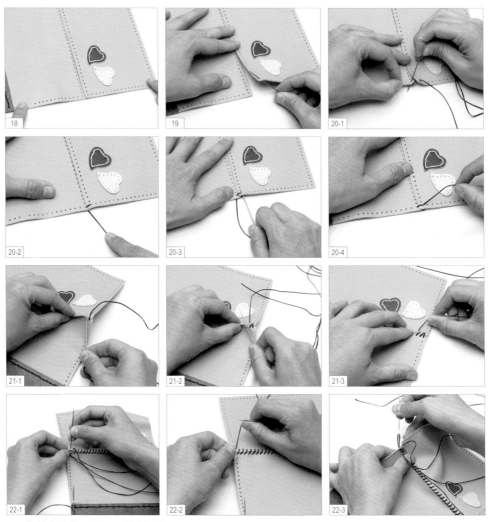

18. 將粉色皮革兩片洞孔對齊擺放。

19. 將已穿線的縫針穿入粉色皮革 A 的第一個洞孔。

20. 將縫針穿過粉色皮革 B 第一個洞孔，固定兩片皮革。

21. 固定皮革後，開始進行斜針縫。

22. 斜針縫至最後兩個洞孔，再以直向縫製固定皮革。

23. 直行縫製縫畢後做止縫結。

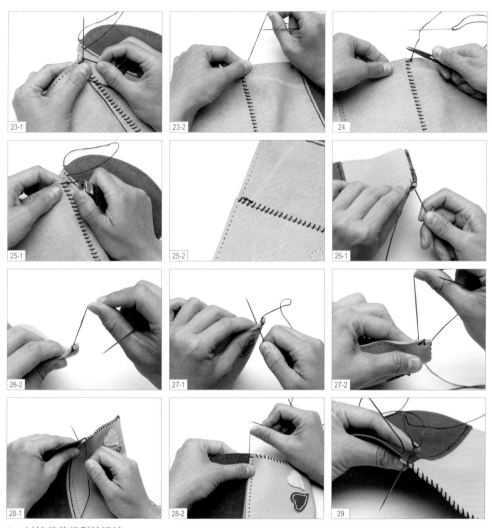

24. 以線剪裁剪剩餘縫線。

25. 以打火機將縫線燒熔固定。

26. 取已穿線的縫針，由內向外穿出粉色皮革 B，再穿回粉色皮革 A。

　　（註：此處於兩粉色皮革內起針是爲將線頭藏於皮革內。）

27. 將縫線穿入粉色皮革 A 的第二個洞孔，進行斜針縫。

28. 斜針縫縫畢後，將縫針穿入半圓皮革，做直向縫製固定皮革。

29. 將縫針穿回粉色皮革最後一洞孔做平針縫。

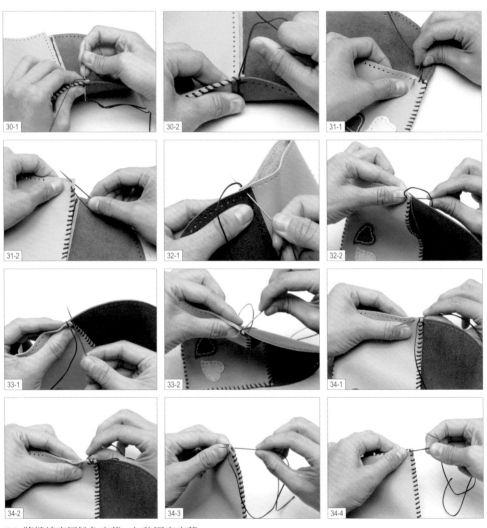

30. 將縫線穿回粉色皮革，加強固定皮革。

31. 將縫線穿入粉色皮革 A 第二個洞孔，進行斜針縫。

32. 在最後一個洞孔做平針縫，將縫線由半圓皮革穿出粉色皮革 A。

33. 將縫線穿回半圓皮革第二個洞孔，做直向縫製固定皮革。

34. 將縫針穿入粉色皮革第二個洞孔，開始進行斜針縫。

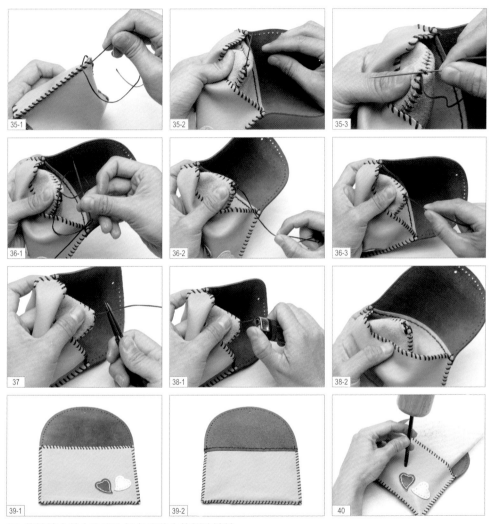

35. 將縫線由外向內穿入粉色皮革內的側邊縫線。

36. 取縫線在粉色皮革內做止縫結。

37. 以線剪裁剪剩餘縫線。

38. 以打火機將縫線燒熔固定。

39. 如圖，皮革縫製完成。

40. 以圓斬將粉色皮革Ａ打出一洞孔。（註：此孔洞也可於皮革尚未縫合前打洞。）

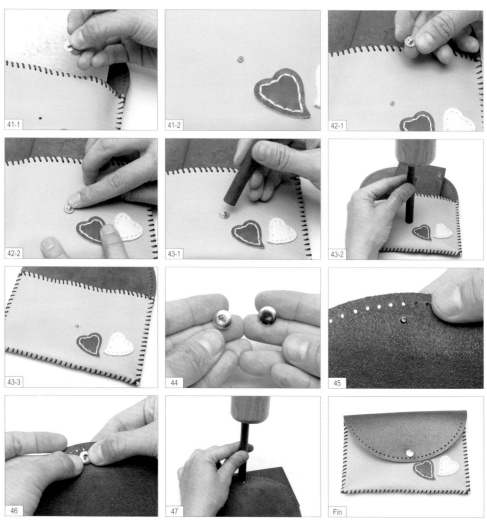

41. 取出公扣的底扣由後往前穿出洞孔。

42. 將公扣套入底扣。

43. 以衝鈕器固定公扣與底扣。

44. 取母扣及扣面。

45. 將扣面由後往前穿出半圓皮革的洞孔。

46. 將母扣套入扣面。

47. 以衝鈕器固定母扣與扣面。

Fin. 如圖，貼心小物收納袋完成。

STYLE
09

包子兔立體零錢包

包子兔
立體零錢包 09

材料 *Material*

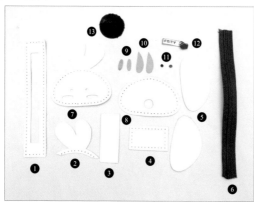

❶ 拉鍊外皮革
❷ 粉兔耳皮革
❸ 底層皮革
❹ 長方形皮革
❺ 內裡皮革
❻ 拉鍊
❼ 正面皮革
❽ 背面皮革
❾ 臉頰皮革
❿ 白兔耳皮革
⓫ 兔眼皮革
⓬ 拉鍊頭
⓭ 兔尾絨毛

紙型連結

174

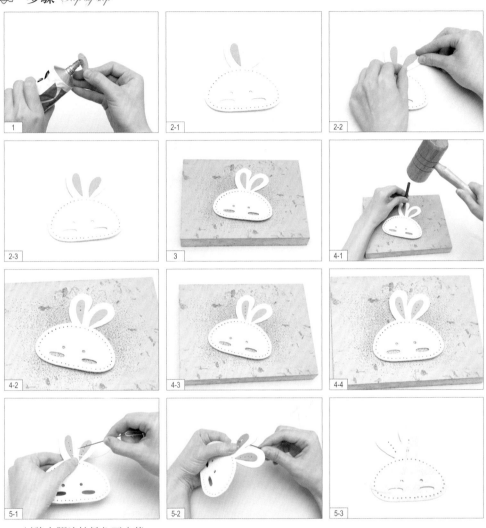

01. 以強力膠塗抹粉兔耳皮革。
02. 將粉兔耳皮革黏貼於正面皮革。
03. 將正面皮革放置膠板上。
04. 以圓斬將粉兔耳皮革進行打洞。
05. 取已穿線的縫針，進行平針縫且須回縫。

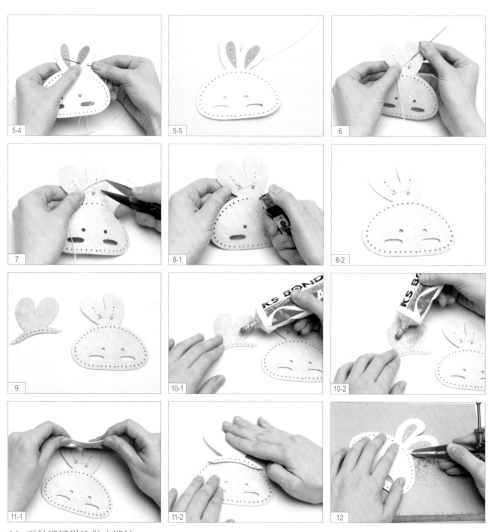

06. 平針縫縫畢後做止縫結。

07. 以線剪裁剪剩餘縫線。

08. 以打火機將縫線燒熔固定。

09. 取白兔耳皮革，放置正面皮革旁備用。

10. 以強力膠均勻塗抹白兔耳皮革。

11. 將白兔耳皮革黏貼於正面皮革。

12. 以間距規畫出兔耳邊線。（註：畫線時，建議分段畫線，避免邊線歪斜。）

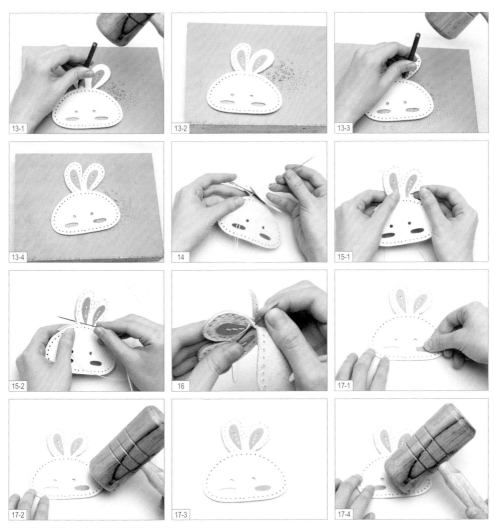

13. 以圓斬沿著兔耳邊線進行打洞。

14. 取已穿線的縫針，穿入白兔耳皮革與正面皮革內。（註：此處縫線穿入白兔耳皮革與正面皮革
　　內是為將線頭藏於皮革內。）

15. 將縫線穿出正面皮革第二個洞孔後，進行平針縫且須回縫。

16. 平針縫縫畢後將縫線穿回兩皮革內做止縫結。（註：此處縫線穿回皮革內是為將線頭藏於皮革內。）

17. 依序將臉頰皮革固定於正面皮革。

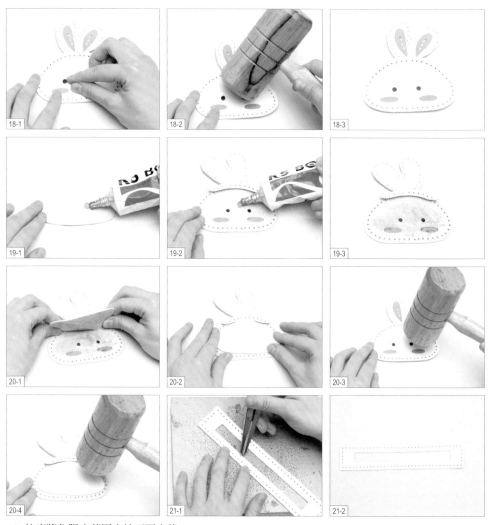

18. 依序將兔眼皮革固定於正面皮革。
19. 以強力膠均勻塗抹內裡皮革與正面皮革。
20. 將內裡皮革黏貼於正面皮革。
21. 以間距規畫出拉鍊外皮革邊線，再以銀筆加深邊線。

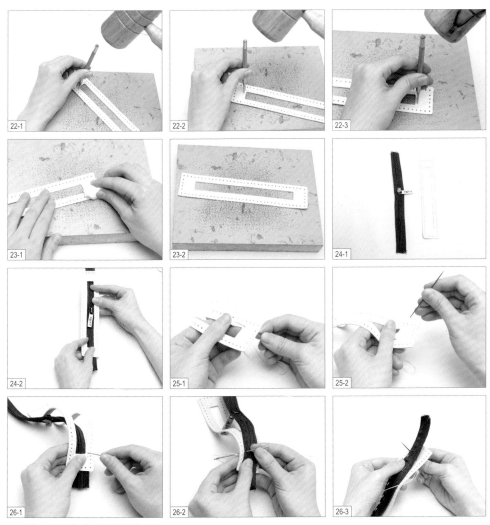

22. 以二菱斬沿著邊線進行打洞。
23. 以濕紙巾擦拭銀筆筆跡。
24. 取已穿好拉鍊頭的拉鍊與拉鍊外皮革比對縫製位置。
25. 取已穿線的縫針穿入拉鍊外皮革。
26. 將拉鍊放置縫製位置，進行平針縫且須回縫。

27. 以線剪裁剪剩餘縫線。

28. 以打火機將縫線燒熔固定。

29. 取已穿線的縫針由後往前穿入長方形皮革。（註：此處縫針由後往前穿入長方形皮革是為將線頭藏於皮革內。）

30. 將長方形皮革與拉鍊外皮革對齊，進行平針縫且須回縫。

31. 以線剪裁剪剩餘縫線。

32. 如圖，長方形皮革與拉鍊外皮革縫製成一長條形皮革。

33. 取已穿線的縫針穿入拉鍊外皮革。

34. 將拉鍊外皮革翻至背面，以打火機燒熔縫線固定線尾。

35. 先將拉鍊外皮革彎折成圈形，再進行平針縫且須回縫。

36. 將最後一針穿回皮革內，並拉緊縫線。

37. 以線剪裁剪剩餘縫線。

38. 以打火機將縫線燒熔固定。

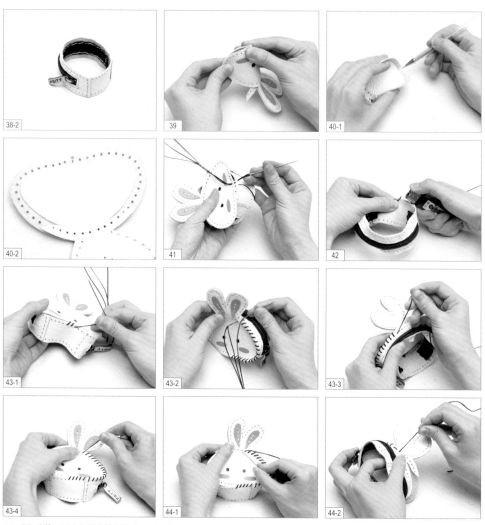

38-2

39

40-1

40-2

41

42

43-1

43-2

43-3

43-4

44-1

44-2

39. 用手將正面皮革對折找出中心點。

40. 以銀筆於中心點做記號。

41. 取已穿線的縫針穿入拉鍊外皮革與正面皮革中心點。

42. 以打火機將線尾燒熔固定。

43. 進行斜針縫。

44. 縫至正面皮革頂端時，改以橫向縫製。

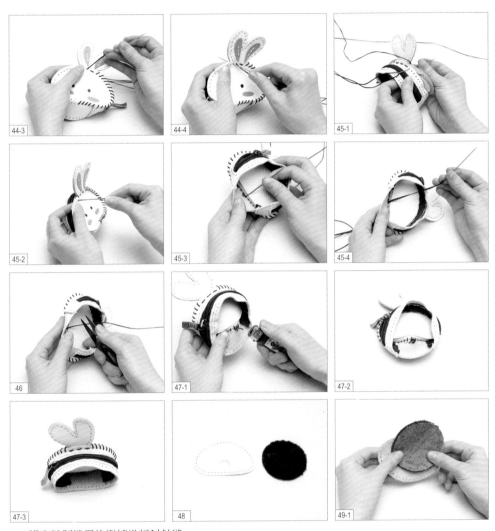

45. 橫向縫製縫畢後繼續進行斜針縫。

46. 以線剪裁剪剩餘縫線。

47. 以打火機將縫線燒熔固定。

48. 取背面皮革與兔尾絨片。

49. 將兔尾絨片塞入背面皮革。

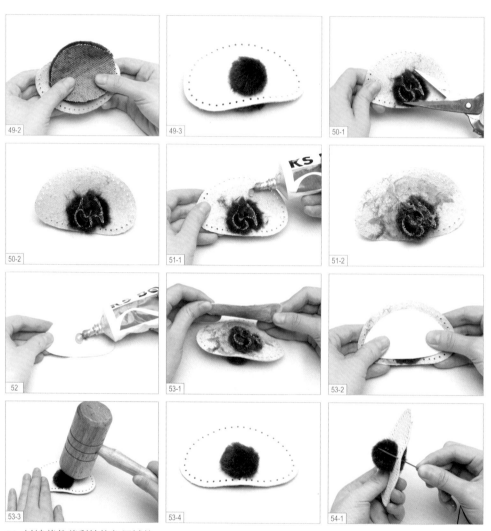

50. 以線剪裁剪剩餘的兔尾絨片。
51. 以強力膠均勻塗抹背面皮革。
52. 另取一片內裡皮革並以強力膠均勻塗抹於內裡皮革。
53. 將內裡皮革黏貼於背面皮革,並以木槌加強固定。
54. 取已穿線的縫針,由內向外穿入背面皮革。

55. 以打火機將線尾燒熔固定。

56. 將拉鍊外皮革與背面皮革對齊，進行斜針縫。

57. 將縫針由外向內穿入皮革內。

58. 將縫線拉緊。

59. 以線剪裁剪剩餘縫線。

60. 以打火機將縫線燒熔固定。

Fin. 如圖，包子兔立體零錢包縫製完成。

骨頭滑鼠護腕 10

 材料 *Material*

紙型連結

❶ 皮革
❷ 海綿

步驟 *Step by step*

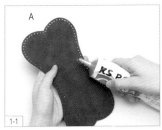

1-1

1-2

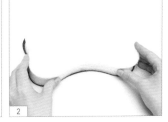

2

01. 將強力膠塗抹於皮革 A 內側。
02. 將海綿放置於皮革 A 上固定。

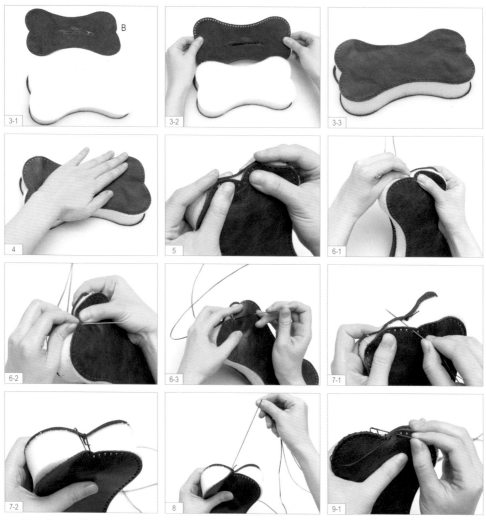

03. 將皮革 B 塗抹強力膠並固定於海綿。

04. 用手壓緊皮革與海綿，增加海綿與皮革的黏合度。

05. 用手將兩片皮革併攏對齊。

06. 將已穿線的縫針由內向外穿入。（註：由內向外穿縫是為了將線尾的結藏於皮革中。）

07. 進行斜針縫。

08. 用手將縫線拉緊。

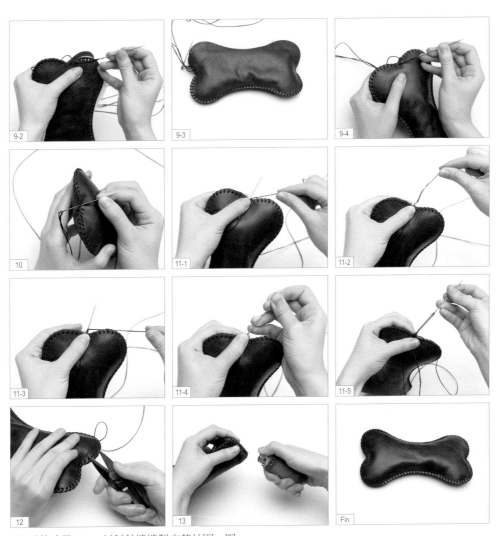

09. 重複步驟 6-8，以斜針縫縫製皮革外圍一圈。

10. 將縫針由外向內穿入左側最後一個洞孔。

11. 斜針縫縫畢後做止縫結。

12. 以線剪裁剪剩餘縫線。

13. 以打火機燒熔縫線尾端固定。

Fin. 如圖，骨頭滑鼠護腕完成。

一針一線
縫出FEITY創意皮件
金牌獎菲媽的調「皮」故事。

初　　版　2015 年 10 月
定　　價　新臺幣 350 元
Ｉ Ｓ Ｂ Ｎ　978-986-5661-48-9（平裝）
◎ 版權所有・翻印必究
書若有破損缺頁請寄回本社更換

國家圖書館出版品預行編目 (CIP) 資料

一針一線，縫出 FEITY 創意皮件 / 陳碧銀作．
— 初版 ． — 臺北市：四塊玉文創，
2015.10
　面；　公分

ISBN 978-986-5661-48-9(平裝)
1. 皮革 2. 手工藝

426.65　　　　　　　　　104018814

書　　名　一針一線，縫出 FEITY 創意皮件
　　　　　－ 金牌獎菲媽的調「皮」故事
作　　者　陳碧銀
發 行 人　程安琪
總 策 劃　程顯灝
總 編 輯　盧美娜
出版總監　林蔚穎
主　　編　譽緻國際美學企業社、莊旻嬑
執行編輯　譽緻國際美學企業社、陳雅珊
美　　編　譽緻國際美學企業社、黃嘉如
封面設計　洪瑞伯
封面繪製　菲堤創意設計
行銷企劃　黃世澤、梁祐榕
攝 影 師　吳曜宇、子宇影像工作室

藝文空間　三友藝文複合空間
地　　址　106 台北市大安區安和路二段 213 號 9 樓
電　　話　(02)2377-1163

發 行 部　侯莉莉
出 版 者　四塊玉文創有限公司
總 代 理　三友圖書有限公司
地　　址　106 台北市安和路 2 段 213 號 4 樓
電　　話　(02) 2377-4155
傳　　眞　(02) 2377-4355
E-mail　　service @sanyau.com.tw
郵政劃撥　05844889　三友圖書有限公司

總 經 銷　大和書報圖書股份有限公司
地　　址　新北市新莊區五工五路 2 號
電　　話　(02) 8990-2588
傳　　眞　(02) 2299-7900

三友圖書
友直 友諒 友多聞

三友官網

親愛的讀者：

感謝您購買《一針一線，縫出FEITY創意皮件－金牌獎菲媽的調「皮」故事》一書，為感謝您的支持與愛護，只要填妥本回函，並寄回本社，即可成為三友圖書會員，將定時提供新書資訊及各種優惠給您。

1 | 您從何處購得本書？
□博客來網路書店 □金石堂網路書店 □誠品網路書店 □其他網路書店
□實體書店＿＿＿＿＿

2 | 您從何處得知本書？
□廣播媒體 □臉書 □朋友推薦 □博客來網路書店 □金石堂網路書店
□誠品網路書店 □其他網路書店＿＿＿＿＿□實體書店＿＿＿＿＿

3 | 您購買本書的因素有哪些？(可複選)
□作者 □內容 □圖片 □版面編排 □其他＿＿＿＿＿

4 | 您覺得本書的封面設計如何？
□非常滿意 □滿意 □普通 □很差 □其他＿＿＿＿＿

5 | 非常感謝您購買此書，您還對哪些主題有興趣？(可複選)
□中西食譜 □點心烘焙 □飲品類 □瘦身美容 □手作DIY
□養生保健 □兩性關係 □心靈療癒 □小說 □其他＿＿＿＿＿

6 | 您最常選擇購書的通路是以下哪一個？
□誠品實體書店 □金石堂實體書店 □博客來網路書店 □誠品網路書店
□金石堂網路書店 □PC HOME網路書店 □Costco
□其他網路書店＿＿＿＿＿ □其他實體書店＿＿＿＿＿

7 | 若本書出版形式為電子書，您的購買意願？
□會購買 □不一定會購買 □視價格考慮是否購買 □不會購買
□其他＿＿＿＿＿

8 | 您是否有閱讀電子書的習慣？
□有，已習慣看電子書 □偶爾會看 □沒有，不習慣看電子書
□其他＿＿＿＿＿

9 | 您認為本書尚需改進之處？以及對我們的意見？
＿＿＿＿＿＿＿＿＿＿＿＿＿＿＿＿＿＿＿＿＿＿＿＿＿＿＿＿＿＿＿＿＿

10 | 日後若有優惠訊息，您希望我們以何種方式通知您？
□電話 □E-mail □簡訊 □書面宣傳寄送至貴府 □其他＿＿＿＿＿

謝謝您的填寫，
您寶貴的建議是我們進步的動力！

姓名＿＿＿＿＿＿＿＿ 出生年月日＿＿＿＿＿＿＿＿

電話＿＿＿＿＿＿＿＿ E-mail＿＿＿＿＿＿＿＿＿＿＿

通訊地址＿＿＿＿＿＿＿＿＿＿＿＿＿＿＿＿＿＿＿＿＿＿＿